Sammlung Göschen Band 30

Kartenkunde

Von

Prof. Dr. Max Eckert-Greifendorff †

2. Auflage

durchgesehen von **Wilhelm Kleffner**
Kartogr. Amtmann im Reichsamt für Landesaufnahmen

Mit 66 Abbildungen

Walter de Gruyter & Co.
vormals G. J. Göschen'sche Verlagshandlung · J. Guttentag, Verlagsbuchhandlung Georg Reimer Karl J. Trübner Veit & Comp.
Berlin 1943

Archiv-Nr. 110030

Druck von Walter de Gruyter & Co., Berlin W 35

Printed in Germany

Inhaltsverzeichnis.

Wichtigere kartographische Veröffentlichungen.

M. Eckert, Die Kartenwissenschaft. Forschungen und Grundlagen zu einer Kartographie als Wissenschaft. Bd. 1. Berlin u. Leipzig 1921. Er gibt die Grundlagen der Karte und deren Bausteine, die Geonomie der Karte (Kartennetz u. Kartenaufnahme) und die Probleme der Morphographie (Geländebarstellung) der Landkarte. Bd. 2. Berlin u. Leipzig 1925. Er beschäftigt sich mit der Seekarte, der angewandten Karte im allgemeinen, ferner mit der anorganischen und organischen Welt im Kartenbild, mit der Wirtschafts- und Verkehrskarte im besonderen, mit der Ästhetik und Logik der Karte und schließlich in einem Anhang mit der Kriegskartographie.

2. M. Eckert, Geographisches Praktikum. I. Bd. Leipzig 1931.
3. O. S. Adams, General theory of polyconic projections. Washington 1919.
4. G. Baumgart, Gelände- u. Kartenkunde. 2. Aufl. Berlin 1934.
5. R. Bourgeois u. Ph. Furtwängler, Kartographie in „Enzyklopädie der mathematischen Wissenschaften mit Einschluß ihrer Anwendungen".
6. A. Breusing, Das Verebnen der Kugeloberfläche für Gradnetzentwürfe. Leipzig 1892.
7. Ch. H. Deetz and O. S. Adams, Elements of map projection. 4. Aufl. Washington 1934.
8. Driencourt et Laborde, Traité des projections des cartes géographiques. Paris 1932.
9. A. Egerer, Kartenkunde. I. Einführung in das Kartenverständnis. Leipzig u. Berlin 1920.
10. Joh. Frischauf, Die mathematischen Grundlagen der Landesaufnahme und Kartographie des Erdsphäroids. Stuttgart 1923. — Ders., Beiträge zur Landesaufnahme und Kartographie des Erdsphäroids. Leipzig 1919.
11. W. Geisler, Das Bildnis der Erde. Halle a. S. 1925.
12. E. Hammer, Die geographisch wichtigsten Kartenprojektionen, insbes. die zenitalen. Stuttgart 1888. — Die Netzentwürfe geographischer Karten von A. Tissot. Stuttgart 1887.
13. Kartographische und schulgeographische Zeitschrift. 10 Bde. Wien 1912—1922.
14. J. H. Lambert, Anmerkungen und Zusätze zur Entwerfung der Land- und Himmelskarten. 1772. Neu gedruckt in O[illegible]wald's Klassiker der exakten Wissenschaften. Nr. 54, Leipzig 1894.
15. Das Reichsamt für Landesaufnahme und seine Kartenwerke. Berlin 1931.
16. Mitteilungen des Reichsamts f. Landesaufnahme Berlin. Seit 1925 erscheinend. Dazu Sonderhefte.
17. O. Muris, Kartenkunde für die Hand des Lehrers. Langensalza 1932.
18. K. Peucker, Herausgeber „Die Landkarte, Fachbücherei für jedermann in Länderaufnahmen u. Kartenwesen". Wien u. Leipzig. Seit 1927 in einzelnen Bändchen erscheinend.
19. Th. Siewke, Kartenkunde unter bes. Berücksichtigung der amtl. topograph. Karten im Deutschen Reich. Berlin 1934.
20. Karl Heinr. Wagner, Die unechten Zylinderprojektionen. Ihre Anwendung und ihre Bedeutung für die Praxis. Archiv der Deutschen Seewarte. Bd. II. Hamburg 1932.
21. P. Werkmeister, Vermessungskunde, 3 Bände (Samml. Göschen) Berlin 1942.
22. K. Zöppritz, Leitfaden der Kartenentwurfslehre. Alte Aufl. Leipzig 1884. 3. Aufl. von Al. Bludau. 2 Teile. Leipzig 1912.
23. Wilhelm Kleffner, Die Reichskartenwerke unter besonderer Behandlung der Darstellung der Bodenformen. Berlin 1939.

Einführung.

Kartenwesen und Karteneigenschaften im allgemeinen. Die Karte ist der Niederschlag des geographischen Wissens einer Zeit. Die Karte ist das vornehmste Hilfsmittel der Geographie. Die Karte ist das unentbehrliche Werk- und Rüstzeug der geographischen Wissenschaft. Die Karte ist die Basis der Geographie. Die Karte ist in der Geographie der Stein der Weisen. Die Karte ist das Auge der Geographie. Diese und ähnliche Aussprüche bedeutender Geographen und Denker haben sich in der Geographie einen festen Platz gesichert und der Karte einen Wert verliehen, der weit über den Wert des Ansehens von Hilfsmitteln in andern Wissenschaften hinausragt.

Die Karte ist an sich schon ein Forschungsobjekt. Dadurch liegt in ihr von Anfang an ein ausgezeichnetes wissenschaftliches Moment. Insonderheit rücken gegenwärtig ihr Inhalt, ihre Darstellungsmittel und ihr Zweck in den Vordergrund wissenschaftlicher Erörterungen.

Unstreitig ist die vornehmste Aufgabe der Karte die, das Erdganze oder ein größeres oder kleineres Stück davon in die Ebene zu projizieren und so ein verkleinertes Abbild der Erdoberfläche zu liefern. Nach dieser Aufgabeerfüllung, die gleichzeitig das Wesen der Karte offenlegt, muß die Karte die auf die Horizontalebene projizierten Lageverhältnisse der im Raume sichtbaren geographischen Objekte wiedergeben. Dadurch tritt sie als ein Grundriß des auf ihr dargestellten größeren oder kleineren Teils der Erdoberfläche uns entgegen.

Abgesehen davon, daß es nicht möglich ist, die Kugeloberfläche restlos auf die Ebene zu übertragen, ist es doch dem Grundriß oder der Abbildung auf die Erde, dem Planbild bei genügender Maßstabgröße eigen, die Nebeneinanderlagerung der geographischen Objekte so zu geben, daß ihre Ausmessungen und gegenseitige Vergleichung nach Lage und Fläche der Kugeloberfläche gegenüber äquivalente Werte ergeben.

Äquivalente Werte kann die Karte einzig und allein in der zweidimensionalen Wiedergabe von zweidimensionalen terrestrischen Erscheinungen schaffen, also bei Lichte besehen nur von den in der Natur horizontal gelagerten Flächen. Nun will aber die Karte schlechthin oder die Landkarte neben Länge, Breite und Umriß die orographischen Verhältnisse der Erde zur Darstellung bringen, sie will die dreidimensionale Ausdehnung des Raumes in der zweidimensionalen der Fläche wiedergeben, d. h. das Raumbild in ein Planbild umsetzen. Der Körper ist der Urbegriff der drei Dimensionen. Er wird äquivalent nur durch ein ähnliches körperhaftes Gebilde, was natürlich sehr verkleinert erscheinen muß, wiedergegeben, eigentlich nur durch das nicht überhöhte Relief. Infolgedessen sind die Anschauungswerte, die die Karte bezüglich der Darstellung der Erhebungsformen in sich birgt, nicht mehr äquivalente Werte, sondern bedingte Werte, ganz gleich, ob die Geländedarstellung auf hypsometrischem oder schatten- oder farbenplastischem Wege gewonnen ist.

Werden die guten Eigenschaften einer Karte hervorgehoben, ergeben sich die schlechten von selbst, so daß auf diese besonders einzugehen sich erübrigt. Hier seien nur die allgemeinen guten Eigenschaften einer Karte aufgezählt. Von der Karte wird gefordert, richtig, vollständig, zweckentsprechend, klar und verständlich, lesbar und schön zu sein.

Die wichtigste Anforderung ist die Richtigkeit oder Genauigkeit. Sie bezieht sich nicht allein auf die Korrektheit der Umrißzeichnung, der Namengebung und Zeichensetzung, sondern auch auf die der Wirklichkeit entsprechende Wiedergabe der Längen- und Breitenausdehnungen und der Flächeninhalte. Die Untersuchungen hierüber sind teils topographischer teils allgemein kartographischer Natur.

Zu der Richtigkeit gesellt sich die Vollständigkeit, die namentlich durch den der Karte abgesteckten Rahmen und den Maßstab geregelt wird. Eine topographische Karte entspricht aus natürlichen Gründen mehr der Forderung, vollständig zu sein, als die chorographische Karte [1]). Von der absoluten Vollständigkeit der großmaßstäbigen topographischen Karten steigen wir durch die einzelnen, kleiner werdenden Maßstäbe graduell zur relativen Vollständigkeit der chorographischen und der angewandten Karten hinab.

Eng verschwistert mit den vorgenannten Eigenschaften ist die Zweckmäßigkeit. Ein und dasselbe Erdoberflächenstück wird anders als rein topographische Karte, anders als Touristenkarte, anders als Militärkarte, anders als Wirtschaftskarte, anders als Schul-, Hand- und Wandkarte dargestellt. Selbstredend bleibt allen Karten das terrestrisch Gegebene ureigentümlich, aber die Art und Weise der Darstellung dieses Urtümlichen differiert im Hinblick auf die Zweckbestimmung. Zweckmäßig muß vor allem die ganze Anlage des Kartenwerkes sein, mit bedingt durch die richtige Wahl der Projektion. Zweckmäßig ist das Orientierungs- das Vergleichs-

[1]) Über topographische und chorographische Karten vgl. S. 9 u. 10.

kärtchen innerhalb des Rahmens einer größeren Karte (z. B. Deutsches Reich auf einer Südamerikakarte). Zweckmäßig ist das Verläßlichkeitsdiagramm, d. i. ein kleines Kartenbild außerhalb des Rahmens der eigentlichen Karte, das uns über die verschiedenen Aufnahmen eines großmaßstäbigen Kartenwerkes unterrichtet. Zweckmäßig muß schließlich das Format der Kartenblätter sein.

Verschieden ist die Anforderung an die Karte von seiten des Wissenschaftlers, des Reisenden, des Seemanns, des Soldaten, des Rad- und Kraftwagenführers, des Landmanns, des Kaufmanns, des Wasserbautechnikers, des Regierungs- und Verwaltungsbeamten. Der Interessen- und Interessentenkreis der Karte wächst von Jahr zu Jahr. Anlage und Inhalt für einen bestimmten Zweck abzustimmen ist sicherlich keine leichte Aufgabe; was Wunder, daß wir gerade nach der Seite der Zweckbestimmung so vielen Fehlschlägen begegnen. Nur zu oft entspricht der Inhalt der Karte nicht dem, was sie will oder ihr anpreisender Titel verspricht. Sie sinkt zur bloßen Ware herab. Zufriedenstellende Ergebnisse mit der Herstellung zweckmäßiger Karten hat man vorwiegend auf schulkartographischem Gebiet erzielt.

Die Karte muß klar und verständlich sein. Sie muß das, was sie veranschaulichen will, unzweideutig ausdrücken. Sie muß es ermöglichen, von dem dargestellten geographischen Objekt dem Kartenverständigen einen klaren Begriff zu geben, d. h. einen solchen Begriff, der scharf von anderen Begriffen unterschieden werden kann, daß jede Verwechslung ausgeschlossen ist. Das begrifflich Zusammengehörige verlangt gleiche Signatur und Farbe. Dadurch wird die Karte übersichtlich, was wesentlich die Klarheit der Karte fördert. So soll z. B. schon die gewöhnliche Landkarte die Hochebenen von den Tiefebenen klar unterscheiden, die Kettengebirge von den Massengebirgen, die Steilküsten von den Flachküsten u. a. m.

Ermöglicht es die Karte, daß selbst einzelne Merkmale des geographischen Objekts bis zu den einfachsten Elementen klar vorgestellt werden können, dann wird das geographische Objekt deutlich erkannt; es ist damit vollständig bestimmt. Eine derartige Karte könnte sodann auch als deutlich bezeichnet werden. Dieser Forderung zu genügen, gelingt der Karte im allgemeinen nicht. In bezug auf die begriffliche Deutlichkeit ist der Karte mehr oder weniger eine Schranke gezogen, zu deren Aufhebung sie der geographischen Beschreibung bedarf. Unter Klarheit der Karte soll nur die begriffliche verstanden werden. Was man jetzt allgemein als Klarheit der Karte bezeichnet, ist nichts anderes als die Lesbarkeit der Karte.

Die Karte soll lesbar und schön sein. Beide Eigenschaften

liegen weniger auf der inhaltlichen, wissenschaftlichen, als mehr auf der äußerlichen, technischen Seite. Die Lesbarkeit besteht in dem Arrangement der Kartenzeichen und -namen, in der Sauberkeit und Schärfe des Stiches und Druckes. Die Schönheit beruht in der Eleganz des Stiches und Druckes, in der taktvollen Abstimmung der Situation (Flußstärke!), der Kartenzeichen und -namen zum gesamten Kartenbild, insbesondere bei den farbigen Karten noch in der geschmackvollen und sach- und sinngemäßen Anwendung der Farbe. In ihren Zeichen und ihrem Farbenkolorit muß die Karte wohltuend auf das Auge und anschaulich auf den Geist wirken, also durch und durch ein harmonisches Bild sein. Harmonie bedeutet Ordnung und Zweckmäßigkeit. Beide werden in hohem Grade von einer guten Karte gefordert.

1. Kartenarten und Kartenmaßstab.

a. Landkarten. Im allgemeinen verstehen wir unter einer Karte das Planbild der Erde oder eines größeren oder kleineren Teils der Erdoberfläche (S. 5). Wird an den umfangreichen und verschiedenartigen Inhalt der Karte gedacht, ganz besonders jedoch daran, wie die Karte geographisch weiter ausgewertet werden kann, wie selbst die Karten kleiner und kleinster Maßstäbe immer noch ein mehr oder minder meßbares Planbild der Erde und ihrer Lebenserscheinungen ergeben, muß die Definition der Karte dahin erweitert werden: Die geographische Karte ist das Planbild eines größeren oder kleineren Teils der Erdoberfläche, das neben den Lageverhältnissen auch Flächen- und Raumverhältnisse und sodann geophysische, kultur- und naturhistorische Tatsachen graphisch übersichtlich so zur Veranschaulichung bringt, daß das Ablesen und Ausmessen der dargestellten Objekte ermöglicht wird.

Will man eine Karte herstellen, handelt es sich zunächst um die Lösung einer geometrischen Aufgabe, d. h. um die konstruktive, wesentlich verkleinerte Nachbildung der Raumlage geographischer Objekte. In welcher Form und in welcher Anzahl diese in die Karte aufgenommen werden, bestimmen Maßstab und Zweck der Karte.

Maßstab wie Zweck der Karte verfolgen teils gleiche Ziele, teils gehen sie auseinander.

In der Darstellungsmöglichkeit von Grundrissen geographischer Objekte findet man das unterscheidende Moment zwischen den geographisch konkreten Karten, d. h. den Karten in großen Maßstäben, und den geographisch abstrakten Karten, d. h. den Karten in kleinen Maßstäben.

Mithin lassen sich auf Grundlage dieser wichtigen Tatsachen mit voller Berücksichtigung des Maßstabes drei größere Kartengruppen aufstellen:

A. Die geographisch konkreten Karten, die das in der Wirklichkeit Gegebene so naturähnlich wie nur möglich in der Bildebene wiederzugeben versuchen. Sie zerfallen weiterhin:

a) in die topographischen Spezialkarten. Die topographische Karte ist letzten Endes immer Spezialkarte; denn infolge ihres Maßstabes ist es ihr noch möglich, das Nebeneinander der geographischen Gegenstände speziell, d. h. deutlich und klar ohne sinnfällige Übertreibungen sichtbar zu machen, besonders auch die allgemeinen Erscheinungen der Pflanzenwelt, wie Nadel-, Laubwald, Gebüsch, Wiese, Sumpf, und des die Erdoberfläche verändernden Wirkens des Menschen zur Veranschaulichung zu bringen. Zu den topographischen Spezialkarten gehören die von den größten Maßstäben an, 1 : 1000, 1 : 5000 usw. bis zu 1 : 25000;

b) in die Generalkarten oder Übersichtskarten in den Maßstäben 1 : 50000 bis 1 : 200000.

Die Gruppen a) und b) werden kurzweg als „topographische Karten" bezeichnet. Man will vielfach (so auch von seiten der Landesaufnahme) zu den folgenden als „geographischen Karten" gleichsam einen Gegensatz konstruieren. Das ist jedoch nicht richtig. Gerade die topographischen Karten sind die richtigen, die wirklichen geographischen Karten, da sie die dingliche Ausstattung der Erde, mit der es der Geograph in der Hauptsache zu tun hat, am besten zeigen. Sie sind die ersten Quellenwerke für die Geographie sowohl wie für die Kartographie. Bei ihnen befinden wir uns fast durchgängig auf dem Boden der staatlichen Kartographie.

B. Die geographisch abstrakten Karten sondern das Wesentliche einer Erscheinung vom Zufälligen ab und veranschaulichen es ganz verallgemeinert. Nebensachen werden weggelassen, nur das Wichtigste wird dargestellt. Man spricht von Generalisierung, die sich nicht bloß auf die Auslese der geographischen Gegenstände bezieht, sondern auch auf die Vereinfachung und Zusammenziehung der Formen geographischer Objekte erstreckt. Ihnen sind die kleinen und kleinsten Maßstäbe eigen. Hierbei unterscheidet man drei Untergruppen:

a) Die chorographischen Karten, zu denen all die physischen oder physikalischen Karten in den Maßstäben von 1 : 1000000 an bis zu den kleinsten Maßstäben gezählt werden, sofern sie noch das orographische Bild der Erde oder Erdgebiete zeigen. Es sind eben die Karten, die wir im gewöhnlichen Leben „Landkarten" nennen, fälschlich jedoch — um dies nochmals zu betonen — „geographische Karten". Waren die topographischen Karten Quellen erster Ordnung, so die chorographischen solche zweiter, dritter Ordnung usw., da sie großenteils aus jenen erst hervorgehen. Auch befinden wir uns hier in der Hauptsache auf dem Boden der Privatkartographie.

b) Die angewandten Karten; sie bringen auf Grundlage einer mehr oder weniger detaillierten chorographischen Karte eine oder mehrere physische, biologische, anthropogeographische, historische oder politische Erscheinungen zur Veranschaulichung. Ihnen liegen vielfach bestimmte Darstellungsmethoden und Gesetze zugrunde, zumeist gestützt auf ein mehr oder weniger weitschichtiges Tatsachenmaterial. Sie erheischen in der modernen Kartographie bzw. Kartenwissenschaft eine besondere Betrachtung (s. Teil 7). Ihre Maßstäbe sind die gleichen wie die der chorographischen Karten.

c) Die dritte Gruppe der Kartenarten ist die, die den Übergang von den geographisch konkreten zu den geographisch abstrakten bildet. Die Karten sind hauptsächlich in den Maßstäben von 1:200000 bis 1:500000 konstruiert. Da sie bei diesen Maßstäben schon in dem höchsten Maße zum Symbol oder zur Signatur, also zu verallgemeinernden und zusammenfassenden Kartenzeichen (Ortssignatur z. B.) die Zuflucht nehmen müssen, entfernen sie sich von der topographischen Basis und leiten ganz allmählich zu den geographisch abstrakten, zu den chorographischen Karten über.

Teilt man die Karten rein nach der Zweckbestimmung ein, werden hierbei in der Hauptsache die angewandten Karten rubriziert. Obenan stehen wieder:

A. Die topographischen Spezialkarten. Auch sie sollen in erheblichem Maße Wirtschaftszwecken dienen; wird doch geradezu die neue im Großdeutschen Reich von den Hauptvermessungsabteilungen hergestellte Grundkarte 1 : 5000 auch „Wirtschaftskarte" genannt.

B. Die Landkarten (geographische Karten!). Sie umfassen die topographischen Übersichtskarten und die chorographischen Karten. Sie dienen ganz besonders einer sichern und schnellen allgemeinen Orientierung.

C. Die physischen oder physikalischen Karten, die sich wiederum a) in allgemeine und b) in spezielle physikalische Karten untergliedern. Zur a-Gruppe gehören die geognostischen, geologischen, geologisch-agronomischen oder die bodenkundlichen Karten, ferner die hydrographischen oder Gewässer- und zuletzt die orographischen bzw. geomorphologischen oder nach bestimmten Gesichtspunkten konstruierten Gebirgskarten. Zur b-Gruppe gesellen sich die erdmagnetischen, meteorologischen, klimatologischen und ozeanologischen bzw. Meerkarten mit Einschluß der Seekarten.

D. Die biologischen Karten; sie zerfallen je nach ihrem Forschungs- und Darstellungsgebiet in tier- und pflanzengeographische Karten; auch manche ethnographischen und anthropologischen Karten gehören hierher.

E. Die anthropo- und kulturgeographischen Karten. Sie beherrschen das größte Gebiet der angewandten Karte. Hier sind es Sprachen- und Religions-, dort Rassen- und Völkerkarten, hier Kulturkreis- und Kulturschäden-, dort Bevölkerungsdichte- und Siedlungskarten, hier Wirtschafts- und Kolonial-, dort Meer-, Fluß- und Landverkehrskarten, hier historische Grund- und entdeckungsgeschichtliche und dort Kriegs- und politische Karten, hier Karten der mittleren Fernen, Reisedauer, Eisenbahnferne, Maschenweite des Eisenbahnnetzes, Stationsdichte und dort Karten der mittleren Volksdichte, Verkehrsdichte und der Flußdichte u. v. a. m.

b. Meerkarten. a) Allgemeine Meerkarten. Den Landkarten stehen die Meerkarten gegenüber. Sie gliedern sich in allgemeine Meerkarten und in Seekarten. Die Reihe der allgemeinen Meerkarten beginnt mit den ozeanischen Tiefenkarten, die sich aus der Seekarte (s. u.) entwickelt haben. Jedoch bringt sie nicht die vielen Tiefenzahlen in der Küstengegend, sondern vorzugsweise die Tiefenzahlen der tieferen Ozeanteile, um so ein unterseeisches Geländebild zu gewinnen, was den Wissenschaftler mehr als den Nautiker interessiert. Die größte Leistung in dieser Hinsicht vollbrachte die deutsche Meteorexpedition 1925—1927, die tatsächlich den Atlantischen Ozean zum größten Teil auslotete.

Die Meerkarten werden insonderheit bereichert durch die Karten, die sich mit der Physik des Meerwassers beschäftigen. Da gibt es Meeresströmungskarten, Temperatur- und Salzgehaltskarten; das sind Karten, die nicht allein der Meeresoberfläche gelten, sondern auch verschiedenen Meeresschichten nach der Tiefe zu. Auch die Farbe des Meeres ist Gegenstand kartographischer Darstellung.

Besondere Abteilungen bilden die biologischen und meerwirtschaftlichen Karten. Jene beschäftigen sich mit der Verbreitung der lithologischen (Küsten-) und pelagischen (Meeres-) Ablagerungen, ferner mit der des Planktons, worunter die kleinen treibenden, widerstandslos den Bewegungen des Meeres folgenden Organismen, die eine wichtige Fischnahrung sind, z. B. für die Heringe, zu verstehen sind. Die andere Gruppe, die meerwirtschaftlichen Karten, sind die Fischereikarten. Sie haben es nicht bloß mit dem Fang von Fischen zu tun, sondern auch mit dem anderer Tiere, wie mit Robben, Edelkorallen, Perlmuscheln, ferner mit pflanzlichen Tieren, wie mit Schwämmen und Pflanzen, wie mit Tangen und Seegräsern, selbst mit Steinen (Bernsteinfischerei und Steinfischerei an der deutschen Ostseeküste!).

b) Die Seekarten. Während die allgemeinen Meerkarten mehr jüngeren Datums sind, blicken die Seekarten auf eine fast 2000jährige Entwicklung zurück. Die ältesten Seekarten oder richtiger Fahrtskizzen (und Hafenbuchtskizzen) gehen sicherlich weit ins Altertum zurück und sind griechischen und griechisch-phönizischen Ursprungs. Sie verdichteten sich um die Wende des 13. zum 14. Jahrhundert zu den Portulankarten oder Windstrahlen- bzw. Rumbenkarten, fälschlich auch „Kompaßkarten" genannt. Berühmte Verfasser derartiger Karten waren z. B. Petrus Vesconte um 1320 und später, um 1560, Hieronymus Girava. Die Rumbenkarten haben in der Hauptsache das östliche Mittelmeer mit Schwarzem Meer und sodann das gesamte Mittelmeer zum Vorwurf. Bis ins 18. Jahrhundert hinein hat man das Charakteristische der Rumbenkarten, die Strahlenbüschel, die dem Bild der Bussole entnommen sind, auf allen möglichen Seekarten beibehalten (s. Abb. 1). Unter Umständen treten die Strahlen so dicht auf, daß sie die Lesbarkeit der Karte beeinträchtigen. Die Windstrahlen oder Rumben sind nach einem gewissen Prinzip in das Kartenbild gezeichnet: um eine Zentralsonne (Zentralbüschel) lagern sich — an den Enden der Strahlen — in gleicher Entfernung vom Hauptmittelpunkt aus 12, 16 oder 32 Nebensonnen.

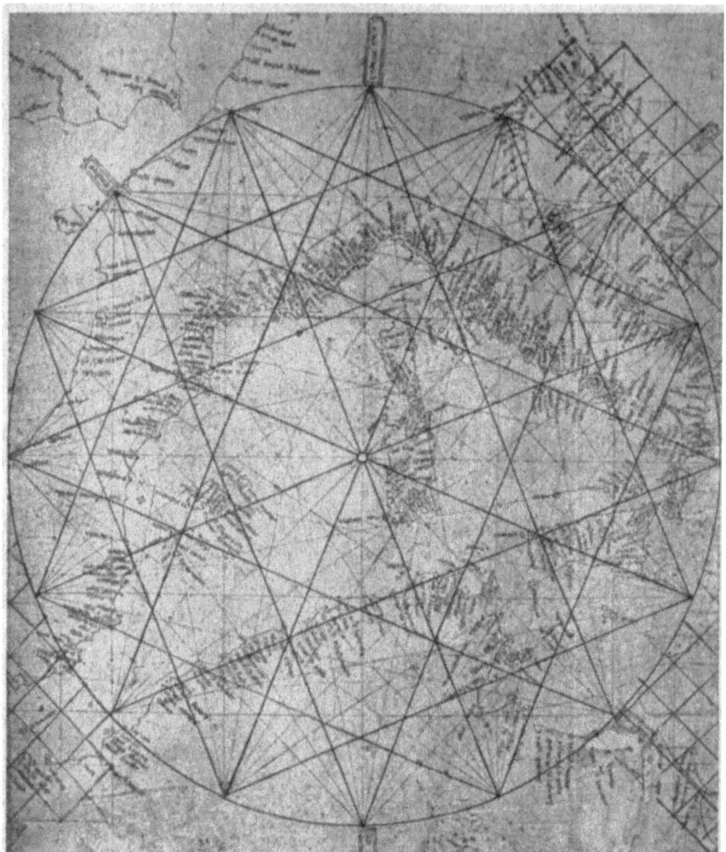

Abb. 1. Die Pisanische Karte des Mittelmeeres, XII. oder XIII. Jahrhundert.

Den Rumbenkarten, obwohl sie gegenüber den üblichen Landkarten jener Zeit das richtige Bild des Mittelmeeres zeigen, liegt keine Projektion zugrunde; ihren späteren Nachahmungen jedoch der Plattkartenentwurf, wie ihn Marinus (S. 60, 62) bereits entworfen hatte.

Unter den Seekarten schlechthin versteht man inner- und außerhalb der nautischen Kreise immer die vom Seemann gebrauchte Küstenkarte und sodann die Segelkarte, die in der gleichen Manier wie die Küstenkarte angefertigt ist und nur weitere Meeresgebiete oder größere Ozeangebiete umspannt (Abb. 2). Diese dienen insonderheit dazu, auf ihnen den Kurs des Schiffes festzulegen. Schon rein äußerlich unterscheidet sich die Seekarte dadurch, daß sie mit einem Schwarm von Tiefenzahlen bedeckt ist, der sich nach der Küste zu verdichtet, um so die Tiefen und Untiefen für die Schiffahrt klar zu zeigen.

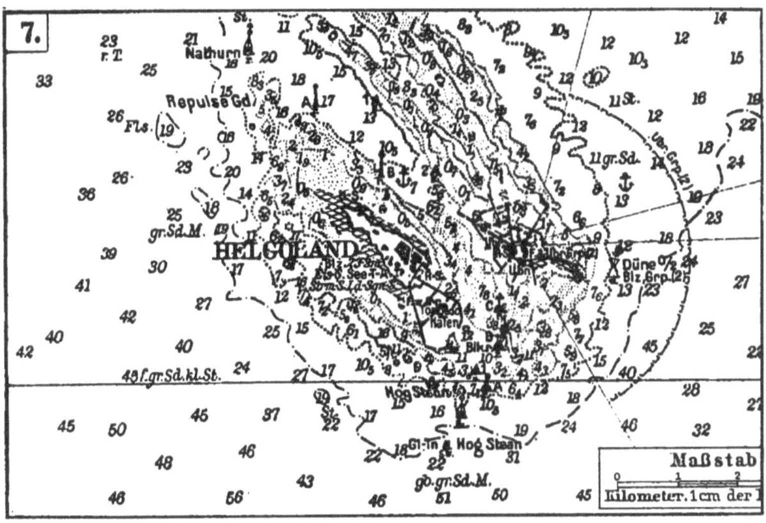

Abb. 2. Ausschnitt aus einer deutschen Seekarte.

Die Seekarten sind eigentlich gar keine Karten im gewöhnlichen Sinne, es sind mehr nautische Nachrichten, im Kartenbild symbolisiert. Gewiß will die Seekarte ebensowohl wie die Landkarte orientieren und auch einen Einblick in den orographischen Aufbau eines bestimmten Gebiets der Erde, nämlich eines an und für sich schmalen Küstenstreifens gestatten. Indessen geht sie weit über dieses Ziel hinaus, da sie in der Hauptsache eine kartographische Anweisung für die Seeleute ist, die in engem Zusammenhang mit den Nachrichten für Seefahrer, Küstenhandbüchern und Leuchtfeuerverzeichnissen steht.

Die Frischhaltung der Seekarte geschieht durch das seemännische Nachrichtenwesen. Die seemännischen Nachrichten sind einkommende und ausgehende Nachrichten, die die Führung eines Schiffes übersee, von Hafen zu Hafen, angehen. Das alles läßt erkennen, daß die Richtigkeit und Genauigkeit der Seekarte und die damit zusammenhängende Laufendhaltung die Grundvoraussetzung für die Herausgabe eines Seekartenwerkes sind. Des weiteren läßt sich im Hinblick darauf das Wesen der Seekarte also definieren: *Die Seekarte oder die nautische Karte ist die unter Berücksichtigung nautischer Angaben ausgeführte Darstellung der Küste und der dazugehörigen Meeresteile.* Sie muß drei Bedingungen vorzugsweise erfüllen: zunächst eine *Distanzmessung*, sodann eine *Kursbestimmung* und eine *Ortsbestimmung* ermöglichen. Dadurch wird sie nicht bloß zu einem Orientierungsmittel und Studienobjekt wie die gewöhnliche Landkarte, sondern in weit höherem Maße als diese zu einer *Arbeitskarte*, die auf festem und starkem Papier gedruckt sein muß, damit es sich auf ihr gut mit Lineal, Bleistift und Gummi arbeiten läßt, wenn der Seefahrer Schiffsorte, Peilungen und Kurse bestimmt und einträgt.

Sämtliche nautischen Karten, des Inlandes sowohl wie des Auslandes, zeigen verwandte Züge. Ein Unterschied besteht bloß im Hinblick auf die verschiedenen Aufgaben, denen die Karte dienen soll, und die vom Maßstabe diktiert werden. So finden wir schließlich eine gewisse Ähnlichkeit der Einteilung der Seekarten mit den Gruppen der topographischen und chorographischen Karten.

Zunächst unterscheidet man *Übersichtskarten*, auch *Hand-* oder *Generalkarten* genannt. Sie bewegen sich in den Millionenmaßstäben, bis zu der Kleinstgrenze 1 : 2500000. Zudem kommt es auf das mehr oder weniger bekannte oder befahrene

Meeresgebiet an, ob eine Karte noch als Übersichtskarte oder als Segelkarte gebraucht wird (s. oben). In Europa ist schon eine Karte in 1:1000000 eine Übersichtskarte, nicht aber in Afrika oder Asien.

Die Segel- oder Kurskarten bewegen sich vorzugsweise in den Maßstäben 1:300000 bis 1:700000. Sie braucht der Nautiker zur Festlegung des Bestecks. Darum müssen sie im Maßstab so groß gehalten sein, daß eine Ablesung der Minuten und der Längen- und Breitenskala möglich ist.

Für die Küstenfahrt, insbesondere zur Einfahrt in Buchten oder zur Durchfahrt von Meerengen, braucht man die Küstenkarten in den Maßstäben 1:100000 bis 1:300000. Die Detailzeichnung ist wegen des großen Maßstabes eine weit reichlichere als die der Segel- und Übersichtskarten. Sie muß so deutlich sein, daß man jeden Punkt an der Küste bestimmen kann. Desgleichen muß die Feststellung der Position durch Peilung nach Landobjekten möglich sein.

Dem gleichen Zweck dienen die Sonderkarten, die hauptsächlich die Maßstäbe 1:50000 bis 1:100000 innehalten.

Die letzte Gruppe umfaßt schließlich die Pläne, die in den Maßstäben 1:10000 bis 1:50000 entworfen sind. Zuweilen kommen größere Maßstäbe vor, bei den deutschen Seekarten bis 1:5000, z. B. bei verschiedenen Hafenplänen. Im allgemeinen vermeidet der Seemann zu große Maßstäbe. Karten mit derartigen Maßstäben sind meistens nur für die Zwecke der Marine herausgegeben.

c. **Kartenmaßstab.** Das Gradnetz ist das mathematische Gerüst für den Aufbau der Karte (s. Teil 3 u. 4). Die Ausmaße des Gerüstes, damit der Bau einen verständlichen und zweckdienlichen Inhalt erhalte, lehrt der Kartenmaßstab. Der Maßstab einer modernen Karte ist die mathematische Ausdrucksform für die Reduzierung oder Verkleinerung irgendeiner Strecke auf die Karte im Verhältnis zu der natürlichen Ausdehnung der

Strecke. Diese Definition bezieht sich im Grunde genommen auf die Verkleinerung der Strecke, die direkt in der Natur, also topographisch aufgenommen ist. Man hat sich aber auch daran gewöhnt, dasselbe von den topographischen Karten 2. Ordnung, die also auf den urmaßstäblichen Karten in verschiedenen kleineren Maßstäben aufgebaut sind, zu sagen und in weiterer Folge von den geographisch abstrakten Karten; obwohl diese eigentlich auf den Kugelmaßstab, den Radius, als Vergleichsbasis zurückgehen. Darum stimmt die Definition des Kartenmaßstabes lediglich im Bereiche des Kartenmittelpunktes; denn die Strecken werden am Kartenrande auf Karten kleineren Maßstabes ganz erheblich verzerrt.

Der Maßstab der Reduzierung bzw. Verkleinerung oder das Reduktions- oder Verjüngungsverhältnis wird durch

$$1:M \text{ oder } \frac{1}{M} \text{ bezeichnet;}$$

d. h. irgendeine Kartenstrecke wird auf 1 verkleinert und sodann ins Verhältnis zur natürlichen Ausdehnung gebracht, gekennzeichnet durch die als Maßstab dienende Zahl M, den Modul oder die Kennziffer.

Die Kennziffer gibt mithin den Wert an, mit dem die auf der Karte gemessene Strecke zu multiplizieren ist, damit sie der Strecke in der Natur oder der natürlichen Strecke gleich wird. Wird beispielsweise auf einer Karte 1 : 25000 (Meßtischblatt) eine Strecke von 5 cm abgegriffen, entspricht dieses Stück einer wirklichen Entfernung in der Natur von 5 cm · 25000 = 1250 m.

Umgekehrt erhält man die Kartenlänge, wenn jede in der Natur gemessene Länge durch den Modul dividiert wird. Je kleiner der Modul, um so größer der Maßstab; je größer der Modul, um so kleiner der Maßstab der Karte. Ist der Maßstab der Karte $\frac{1}{M}$, so wird beispielsweise bei Verdoppelung des Zählers der neue Maßstab $\frac{2}{M}$, also noch einmal so groß wie der ursprüngliche, bei Verdreifachung dreimal, bei Vervierfachung viermal so groß usf.; bei einer n-fachen Vergrößerung ist der neue Maßstab $\frac{n}{M}$; z. B. sei

$$\frac{1}{M} = \frac{1}{100000}; \frac{2}{M} = \frac{2}{100000} = \frac{1}{50000}; \frac{4}{M} = \frac{4}{100000} = \frac{1}{25000}$$

oder 1:25000.

Soll umgekehrt der Maßstab entsprechend kleiner werden, ändert sich der Modul wie folgt:

$$\frac{1}{M \cdot 2}; \frac{1}{M \cdot 3}; \frac{1}{M \cdot 4} \qquad \frac{1}{M \cdot n};$$

z. B. sei $\frac{1}{M} = \frac{1}{25000}; \frac{1}{M \cdot 2} = \frac{1}{50000}; \frac{1}{M \cdot 4} = \frac{1}{100000}$ usw.

Der Maßstab bezieht sich stets auf Linienelemente, niemals auf Flächen.

Wird das Bild zur Natur in Beziehung gesetzt, ist „Bild" = die auf dem Kartenbilde abgezirkelte Strecke, und „Natur" = die auf die mathematische Oberfläche der Erde projizierte Strecke;

$$\frac{1}{M} \text{ oder } \frac{\text{Bild}}{\text{Natur}} \text{ oder } \frac{\text{Kartenstrecke}}{\text{mittlere Meridianstrecke}} \text{ oder } \frac{\text{Globusradius}}{\text{Erdradius}}.$$

Das Verjüngungsverhältnis bezieht sich einmal auf den Meridian, sodann auf den Erdradius. Da beide voneinander abhängig sind, steht jede Verjüngung irgendeiner Oberflächenlinie im engsten Verhältnis zum Radius des zugehörigen Globus und ist proportional dem Erdradius.

Ist r = Erdradius und R = Globusradius, so ist $\frac{R}{r} = \frac{1}{r:R}$

das Verjüngungsverhältnis oder der Maßstab der Verkleinerung; mithin ist

$$\frac{1}{M} = \frac{1}{r : R} \text{ oder } r = M \cdot R \text{ und } R = r \cdot \frac{1}{M}.$$

Beispielsweise sei bei einem Globus 2 · R = 33,5 cm; dann ist der Globusumfang 105,2 cm. Der Maßstab ist:

$$\frac{\text{Globusumfang (Bild)}}{\text{Äquator (Natur)}} = \frac{105{,}2 \text{ cm}}{40000 \text{ km}} = \frac{1052 \text{ mm}}{40000000000 \text{ mm}}$$

$$= \frac{1}{38000000} = 1 : 38 \text{ Mill.}$$

oder

$$\frac{\text{Globusradius}}{\text{Erdradius}} = \frac{16{,}7 \text{ cm}}{6370 \text{ km}} = \frac{167 \text{ mm}}{6370000000 \text{ mm}} = \frac{1}{38000000} =$$

1 : 38 Mill.

Das Verjüngungsverhältnis, ganz gleich, ob es in Bruchform (Verhältniszahl) oder mit verjüngtem Maßstabe oder in bestimmten Maßeinheiten angegeben wird, nennen wir kurzweg Maßstab. Bei den bestimmten Maßeinheiten wird angegeben, wie lang eine Strecke, die auf der Karte den bestimmten Betrag von 1 mm oder ein Vielfaches davon besitzt, in der Natur ist. Steht beispielsweise auf der Karte 1 cm = 1000 m (1 km), hat die Länge einer Strecke, die man mit 25 cm abzirkelt, die wirkliche Länge 1000 · 25 = 25 km, und der Maßstab ist, da 1 km = 100000 cm ist, 1 : 100000.

Vorteilhaft bleibt es immer, das Einheitsmaß des metrischen Systems, den km, zu 1 mm oder 1 cm der Kartenstrecke in Beziehung zu setzen. So heißt es schon vielfach auf den Karten:

1 km in der Natur = 1 mm auf der Karte in 1 : 1000000 oder 100 km in der Natur = 2 cm auf der Karte in 1 : 5000000 und so fort.

a) Weltkarte in 1 : 1000000, 1 cm = 10 km und 1 mm = 1 km in der Natur;

b) Vogels Karte von Deutschland in 1 : 500000, 1 cm = 5 km und 2 mm = 1 km in der Natur;
c) Übersichtskarte von Mitteleuropa in 1 : 300000, 1 cm = 3 km und $3^1/_3$ mm = 1 km in der Natur;
d) Topographische Übersichtskarte des Deutschen Reichs in 1 : 200000, 1 cm = 2 km und 5 mm = 1 km in der Natur;
e) Karte des Deutschen Reichs in 1 : 100000, 1 cm = 1000 m = 1 km in der Natur;
f) Deutsche Karte in 1 : 50000, 1 cm = 500 m und 2 cm = 1 km in der Natur;
g) Meßtischblatt in 1 : 25000, 1 cm = 250 m und 4 cm = 1 km in der Natur;
h) Topographische (topometrische) deutsche Grundkarte in 1 : 5000, 1 cm = 50 m und 20 cm = 1 km in der Natur.

Die Karte a) ist die „Internationale Weltkarte“, sie ist ein internationales Unternehmen und wird von verschiedenen Ländern herausgegeben. Karte b) ist C. Vogels Deutschlandkarte, die bei J. Perthes in Gotha erscheint. Die übrigen Karten, also c) bis h), sind amtliche Karten.

Da die Titel dieser großmaßstäbigen Karten umständlich und schwer zu merken sind, sie auch, wie alle Maßstabbezeichnungen, kaum anschaulich wirken, hat M. Eckert seinerzeit folgende Bezeichnungsweise vorgeschlagen:

a) Die 1 mm-Karte (da 1 km in der Natur = 1 mm auf der Karte) anstatt „Internationale Weltkarte in 1 : 1000000“;
b) die 2 mm-Karte (da 1 km = 2 mm) anstatt „C. Vogels Karte von Deutschland in 1 : 500000“;
c) die $^1/_3$ cm oder $3^1/_3$ mm-Karte (da 1 km = $3^1/_3$ mm) anstatt „Übersichtskarte von Mitteleuropa in 1 : 300000“;
d) die $^1/_2$ cm oder 5 mm-Karte (da 1 km = 5 mm) anstatt „Topographische Übersichtskarte des Deutschen Reichs in 1 : 200000“;
e) die 1 cm-Karte (da 1 km = 1 cm) anstatt „Karte des Deutschen Reichs in 1 : 100000“;

f) die 2 cm-Karte (da 1 km 2 cm) anstatt „Deutsche Karte in 1:50000";

g) die 4 cm-Karte (da 1 km = 4 cm) anstatt „Meßtischblatt in 1:25000";

h) die 20 cm-Karte (da 1 km = 20 cm) anstatt „Topographische" oder „topometrische Grundkarte" oder „Wirtschaftskarte in 1:5000".

Auf den amtlichen Karten des Deutschen Reichs hat man jetzt vorstehende Kartenbezeichnungen eingeführt [1]).

Nicht zu vergessen ist für eine vollständige Maßstabbezeichnung auf Karten die ursprünglichste Form der Veranschaulichung, wie sie uns im verjüngten Maßstabe, dem Längenmaßstab, dem Überbleibsel des alten Meilenmaßstabes, entgegentritt. Auf ihm gibt man die üblichen Maße, wie Kilometer, Meilen oder fremde Maße, verkleinert wieder.

2. Die Kartenaufnahme [2]).

a. Einfachste Hilfsmittel der Kartenaufnahme und die Kartenortung. Wenn sich die Kartenkunde mit der Konstruktion der Karte und mit dem Kartenbilde an sich beschäftigt, kann sie die Arbeiten im Felde, ohne die ein gutes Landkartenbild nicht möglich ist, nicht unberücksichtigt lassen. Von allem Anfang an war die Karte dem Bedürfnis entsprungen, sich auf der Erdoberfläche zurechtzufinden oder zu orientieren. Das ist auch heute noch ihre vornehmste Aufgabe.

Abgesehen von der Beobachtung des Sternenhimmels war die mündliche Überlieferung die ursprünglichste Form, sich auf der Erde sowohl wie auf dem Meere zu orientieren. Die Reisebeschreibung wird zum Niederschlag dieser Methode. Zugleich

---

1) Aber die 1/2 cm-, 1/3, 1/8, 1/10 cm-Karte auf einmal 2 km, 3-, 8- und 10 km-Karte zu nennen, ist unlogisch den 4 cm-, 2-, 1 cm-Karten gegenüber und stiftet nur Verwirrung auf den topographischen Karten; dann ist es schon besser, von 5 mm-, 3 1/3 und 1 mm-Karten zu sprechen.

2) Vgl. u. a. R. Hugershoff: Kartographische Aufnahmen u. geograph. Ortsbestimmung auf Reisen. Sammlung Göschen Nr. 607.

entstand aber auch das Bedürfnis, die beschriebenen Örtlichkeiten auf einer Zeichnung zu sehen, die wir selbst in ihrer einfachsten Form als „Karte“ bezeichnen. Noch heute ist die primitive Methode der mündlichen Erkundung nicht ausgestorben, wenn wir sehen, wie sich Topographen, aber auch Forschungsreisende in wenig erschlossenen Ländern bei den ortsansässigen Bewohnern nach Namen und Schreibweise von Ortschaften, einzelnen Gebäuden, Wegen, Flüssen, Bergen usw. erkundigen.

Die wichtigste Aufgabe jeder Aufnahme ist, ob sie nun mehr linienhaft wie beim kartographischen Festlegen eines Reiseweges oder mehr flächenhaft wie beim Trigonometrieren und Topographieren eines Landes vorgeht, die Orientierung im Gelände. Damit hängt zugleich das Orientieren oder das Orten bzw. die Ortung des entstehenden Kartenbildes zusammen. Da wir gegenwärtig die Karten samt und sonders nach dem Nordpol orten, sprechen wir auch kurzweg von dem Norden der Karte. Im allgemeinen geschieht dies durch den Kompaß oder die Bussole. Ist ein derartiges Instrument nicht zur Hand, kann man sich und die Karte nach dem Stande des Mondes, namentlich in den Hauptphasen, nach dem Polarstern oder nach dem Sternbild Cassiopeja richten.

Nicht schwer ist es, sich nach dem Stande der Sonne zu richten. An seinem eignen Schatten, indem man ihn bei Sonnenauf- und Sonnenuntergang beachtet, sowie zu Mittag, wo er am kürzesten ist, kann man die NS-Richtung feststellen, was genauer mit dem Sonnenlotverfahren geschieht. Das Instrument hierzu heißt Sonnenlot, auch Gnomon oder Schattenmesser genannt, das leicht selbst zu konstruieren ist (Abb. 3). Inmitten von 7 bis 8 konzentrischen Kreisen auf einer waagerechten Zeichenfläche wird ein Stab befestigt, dessen Schatten vom Morgen bis Abend stundenweise beobachtet und auf den Kreisen markiert wird. Morgen- und Abendstrahlen werfen die längsten Schatten (äußerste Kreismarkierung), der Mittagsstrahl den kürzesten Schatten (einzige innerste Kreismarkierung). Immer ist es vor-

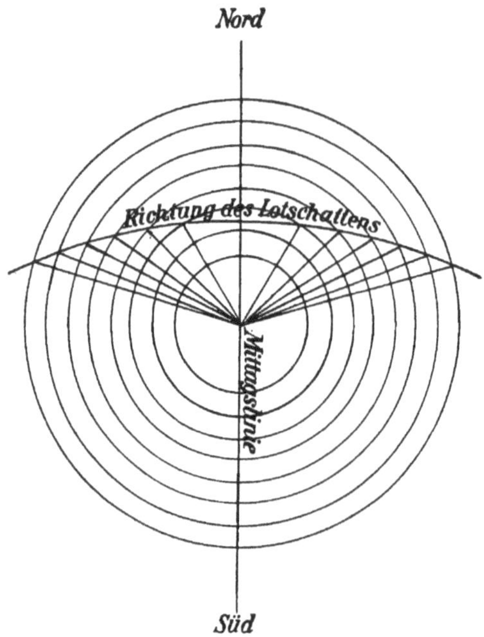

Abb. Sonnenlotverfahren.

teilhaft, den Schatten zu beobachten, z. B. den Baumschatten beim Durchmarschieren durch weglose Wälder.

Nach dem Stande der Sonne kann man ferner mit Hilfe einer Taschenuhr die NS-Linie einigermaßen befriedigend bestimmen. Man halbiere den Winkel zwischen Ziffer 12 und dem Stundenzeiger, richte diese Halbierungslinie nach der Sonne, und die Linie in der Richtung über der Ziffer 12 zeigt den Verlauf der Mittags-, also der NS-Linie an.

Auch andere Notbehelfe können sich unter Umständen dienlich erweisen, wie einzelstehende Bäume, die auf der Wetterseite, bei unserer Breite in NW, eine moosbedeckte, gröbere oder rissigere Rinde als auf der entgegengesetzten Seite aufweisen. Ähnliche Dienste verrichten die dem Wetter ausgesetzten Steinblöcke, alte Meilensteine, Martersäulen, Feldsteine, Holzpfähle, die auf der Wetterseite mürbe geworden sind; selbst bei Ameisenhaufen beobachtet man, daß sie auf der dem Wetter zugekehrten Seite mit Gras und Moos bewachsen sind, nicht aber an der entgegengesetzten.

Die vorgenannten Mittel dienen zur Festlegung der NS-Linie. Am besten und bequemsten ist diese Bestimmung mit der Bussole, also der Magnetnadel, vorzunehmen. Die Magnetnadel ist nach dem magnetischen Nordpol gerichtet, der nicht mit dem Nordpol der Erde übereinstimmt und sich außerdem in ständiger Wanderung befindet. Um die Karte richtig zu norden, muß man den Unterschied zwischen magnetischem und terrestrischem Meridian kennen. Dazu bedient man sich der Isogonenkarten (Isogonen = Linien gleicher Mißweisung). Um die Deklination der Orte zu bestimmen, die nicht auf einer Isogone liegen, muß sie im Raume zwischen zwei benachbarten Isogonen geschätzt werden. Stets muß man sich auf das Jahr beziehen, aus dem die Karte stammt, denn die Deklination ändert sich jährlich. Bis zur Mitte des 17. Jahrhunderts waren für Deutschland alle Abweichungen östlich, sie wurden sodann Null und gingen in westliche über, die bis 1814 wuchsen. Seitdem nehmen sie wieder ab, jährlich im Mittel um 0,2 °. 1890 betrug in Potsdam die Deklination 10° 18,7′ westl., 1900: 9° 56,3′ westl. und 1934: 4,8° westl.

Um die neuen topographischen Karten, die mit einem besonderen Koordinatennetz (Gitternetz) überzogen sind, richtig zu norden, muß die Deklination bzw. der magnetische Richtungswinkel ganz besonders beachtet werden. Wie dies vor sich geht, darüber vgl. S. 87.

b. Strecken- oder Routenaufnahme (Itinerar). Bei den Routenaufnahmen oder Itinerarien handelt es sich meistens um flüchtige Aufnahmen, wobei in kurzer Zeit große Strecken durcheilt werden. Mit Meßband wird da nur selten gearbeitet, weil die Entfernungen durch Abschreiten, Abreiten oder Abfahren rasch gemessen werden müssen, gegebenenfalls auch durch Zeitmaß, Entfernungsmesser, selbst nach Augenmaß („à coup d'œil" oder „à la vue"). Auf den ersten Augenblick erscheint dies Verfahren einfach und bequem; indessen ist es reichlich schwierig und erfordert langfristige Übungen, wenn ordentliche und brauchbare Geländeskizzen erzielt werden sollen.

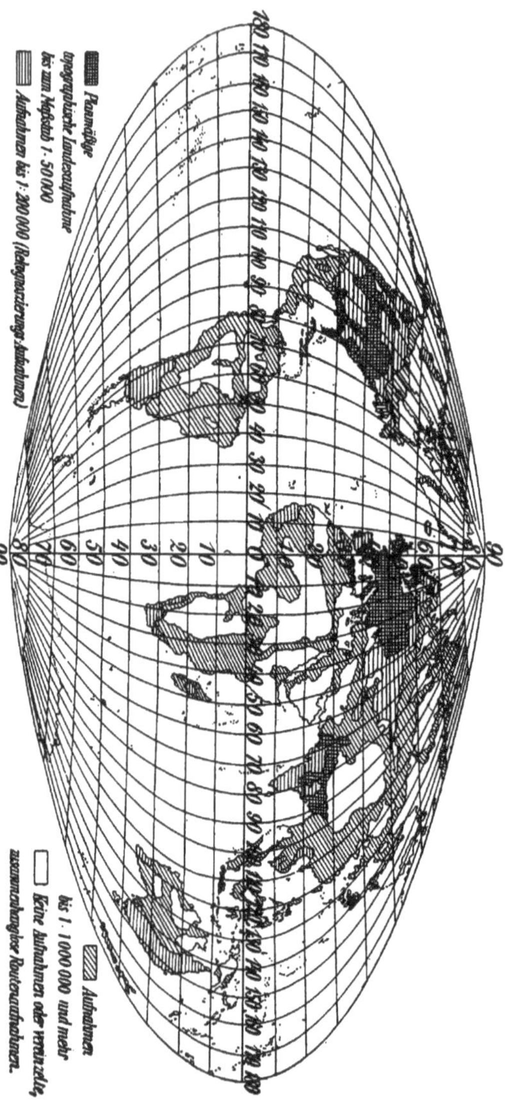

Abb. 4. Die topographische Erschließung unserer Erde.

Wird ein Land die Kreuz und die Quer von Routenaufnahmen durchzogen, verdichtet sich allmählich das topographische Bild zu einer Karte, die infolge des unausbleiblichen kleinen Maßstabs den Eindruck einer fertigen, d. h. auf Grund flächenhafter Aufnahmen entstandenen, Karte macht. Das ist eben dieser (täuschende) Eindruck, den wir bei dem Betrachten der meisten Karten von Asien, Afrika und Südamerika empfinden. Im Grunde genommen ergeben die dichten, sich kreuzenden Routenaufnahmen noch keine Flächendeckung, da das zwischen den Routennetzmaschen liegende Gelände in der Hauptsache als unerforscht gelten muß. Bei der Betrachtung des Kartenbildes (Abb. 4) ist man erstaunt, wie wenig auf Erden genau, d. h. topographisch flächenhaft, aufgenommen ist [1]).

Die **Anlage eines Itinerars** beruht auf der Azimutalbestimmung. Das **Azimut** oder der **Kurswinkel** ist der Richtungsunterschied oder der Winkel α in Abb. 5. Punkt P in Abb. 5 wird durch die Entfernungsangabe d des Punktes P von M aus bestimmt und den Winkel α, den die Entfernungsangabe oder der Leitstrahl (Vektor) mit einer ein- und für allemal festgelegten Richtungslinie, der NS-Linie oder Mittelmeridianlinie, bildet. Richtungswinkel (gegeben in Graden, Minuten und Sekunden) und Leitstrahl (gegeben in Längeneinheiten) nennt man die **Polarkoordinaten** des Punktes P, wobei M als ein Fixpunkt, als sog. Pol, angesehen wird.

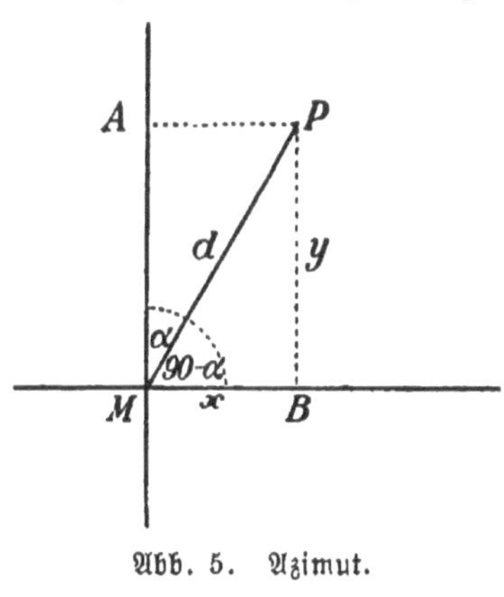

Abb. 5. Azimut.

[1]) E. Kuhnow hat 1931 auf Anregung von H. Louis und in Anlehnung an L. Carrière den Stand der kartographischen Aufnahme der Landoberfläche in folgenden Zahlen errechnet: Verläßliche Karten bestehen in Europa höchstens 7, in Asien, Afrika u. Nordamerika je 6, in Südamerika u. Australien je 1 Mill. qkm; d. i. noch nicht 20 % der gesamten Landoberfläche (149 Mill. qkm).

Punkt P kann auch durch die Abstände von zwei sich rechtwinklig schneidenden Achsen (MA und MB) bestimmt werden. x und y sind die rechtwinkligen Koordinaten des Punktes P.

Wie oben gesagt wurde, ist das Prinzip der Orientierung mit Hilfe des Azimuts maßgebend für die Anlage eines Itinerars. Punkt A in Abb. 6 sei Ausgangspunkt einer Reise- oder Routen-

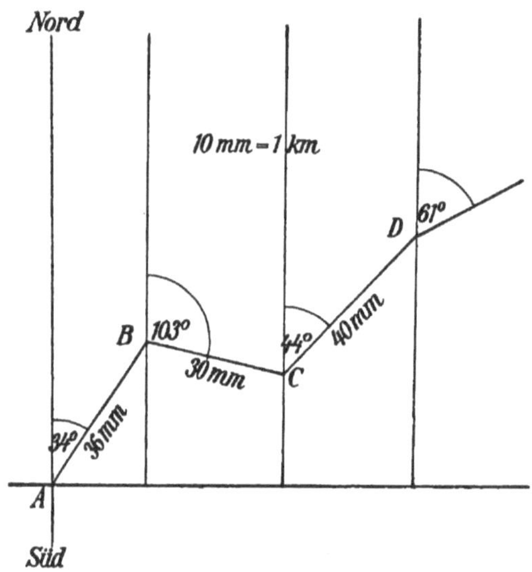

Abb. 6. Itinerarskizze.

aufnahme. Mit Hilfe des Kompasses wird die NS-Linie festgestellt, sodann die Richtung nach dem visierten oder gepeilten Orte B; im vorliegendem Falle 34°. Die gemessene Wegstrecke nach B wird aufgeschrieben. Der Punkt B selbst ist somit eindeutig zum Ausgangspunkt A festgelegt. In ihm verfahre ich in der gleichen Weise wie in A, in C gleichfalls wie in A oder B usf. Das Schema eines einfachen Itinerars sieht mithin folgendermaßen aus:

Zeit	Ort	Azimut	Weg oder Unterschied zwischen Ausgangspunkt und gepeiltem Punkt
9h	A }	34°	3600 m
12h 36′	B }	103°	3000 m
15h 36′	C }		
17h 24′	D }	44°	4000 m

Die dadurch entstandene Kartenskizze nennen wir einfaches Kroki. Die Wegstrecke wird durch das Zählen der Schritte bestimmt. Diese Arbeit ist umständlich, sie wird erleichtert durch den Schrittzähler, der einer Taschenuhr ähnlich sieht.

Die Schrittlängen sind nicht gleich, sie ändern sich mit der Manneshöhe. Die Schrittlänge eines mittelgroßen Menschen beträgt bei längerem Marsche im Durchschnitt 0,75 m. Die folgende Schrittmaßtabelle stützt sich auf diese Wahrnehmung.

1 Schritt =	0,75 m		1 m =	1 1/3 Schritt
10	7,5 m		3 m =	4
40	30 m		10 m =	13
80	60 m		25 m =	33
100	= 75 m		100 m =	133
200	= 150 m		500 m =	666
1000 „	= 750 m		1 km =	1333

Die Schrittlänge ist nicht gleich, sie ändert sich je nach Steigung des Weges und nach pfadlosen Gehängen:

Aufwärts:

Steigung in Grad	Schrittlänge	Verkürzung in %
0	75 cm 80 cm	0
5	70 cm 73 cm	9
10	62 cm 66 cm	18
15	56 cm 59 cm	26
20	50 cm 52 cm	35
25	45 cm 46 cm	42
30	38 cm 40 cm	50

Abwärts:

Gefälle in Grad	Schrittlänge		Verkürzung in %
0	75 cm	80 cm	0
5	74 cm	77 cm	3
10	72 cm	75 cm	6
25	70 cm	73 cm	9
20	67 cm	69 cm	14
25	60 cm	63 cm	21
30	50 cm	52 cm	35

Ein bedingtes Entfernungsmaß ist gleichfalls die Zeit, die zum Beschreiten einer Strecke erforderlich ist. Müssen in unbekannten Gebieten größere Entfernungen zurückgelegt werden, bedient man sich gern der Zeit. Ein guter Fußgänger gebraucht 10 Minuten für 1 km, also 1 Stunde für 6 km. Bei den Itinerarien von Kamelkarawanen in Afrika hat man gefunden, daß 4 km = 1 Stde sind. Das trabende Pferd legt in 1 Stde = 12 km zurück.

Selbstverständlich muß die aufgenommene oder berechnete bez. beobachtete Wegstrecke in einem bestimmten Maßstab festgelegt werden, was allerdings noch vor der Anlage des Itinerars geschehen muß. Das Itinerar in Abb. 6 hat den Maßstab 1 : 100000.

c. Topographische Aufnahme und Triangulierung. Die Routenaufnahme ist die einfachste topographische Aufnahme; indessen geht sie mehr linienhaft vor, während die eigentliche topographische Aufnahme auf Flächendeckung ausgeht und sich auf erweiterte Kenntnis und größere Fertigkeiten in Aufnahme- und Vermessungswesen stützt. Aber auch unter diesen topographischen Aufnahmen bestehen noch große Unterschiede; die einen sind mit den besten Instrumenten gewissenhaft und umständlich aufgenommen, die andern mit einfachen Instrumenten möglichst gut und schnell. Zu letzteren Verfahren gehören vornehmlich diejenigen, die man unter „Krokieren" zusammenfaßt.

Das Krokieren kann mit und ohne Benutzung einer Karte vor sich gehen. Ohne Benutzung einer Karte wird mit einfachsten Hilfsmitteln (genügend großem Kompaß, Diopterbussole, Strahlenzieher, kleinem Peiltisch) die Lage von Hauptpunkten bestimmt. Hauptpunkte sind Kirchtürme, Einzelhäuser, Einzelbäume, Telegraphenstangen, Wegkreuzungen, Waldecken, Wälder, Büsche, Hecken, Hügel, Berge usw. Die subjektive Einstellung spielt dabei eine nicht zu unterschätzende Rolle, insofern Entfernungen, Bodenerhebungen, Höhenprofile usw. geschätzt werden, was oft recht schwierig ist. Darum sind die Übungen im Schätzen von außerordentlich großem Wert.

Das Krokieren wird beschleunigt, wenn man zur Kartenskizze eine Katasterkarte oder sonstigen großmaßstäbigen Plan als Grundlage benutzen kann; denn auf ihnen sind die Hauptpunkte zumeist schon eingetragen. Die Hauptarbeit bei der Bestimmung von Hauptpunkten besteht darin, zunächst eine Basis oder Grund- oder Aufnahmelinie anzulegen und von dieser aus weitere Hauptpunkte zu bestimmen. Sie findet man durch Vorwärts-, Rückwärts- und Seitwärtseinschneiden[1]).

Mit Hilfe von Theodolith, Tachymeter, Meßtisch mit Kippregel wird ein Land topographisch erschlossen und schließlich ein Kartenbild durch Flächendeckung erzeugt. Einige der Hauptpunkte, an die sich diese topographische Arbeit anlehnt, sind geodätisch bestimmt und sind das Ergebnis präziser Vermessungsarbeit bez. Triangulation, die in der „Gradmessung" gipfelt.

Klare Beurteilung des aufzunehmenden Landes, erprobte Kenntnis der wichtigsten Aufnahmemethoden und sicheres Ziel geben jedem Aufnehmer das richtige Programm seiner Tätigkeit im Felde. Jegliche topographische Aufnahme hängt in der Luft, wenn sie nicht in ein trigonometrisches Skelett eingebunden wird. Da hierbei die Ausdehnung der Erdober-

[1]) Wie dies in einfacher Weise geschieht, darüber vgl. A. Egerer: Wie fertigt man eine Kartenskizze (Kroki)? Stuttgart 1924.

fläche in horizontalem wie vertikalem Sinne gemessen wird, zerfällt die trigonometrische Tätigkeit in Horizontal- oder Lagemessungen und in Vertikal- oder Höhenmessungen.

Die Fläche von 100 qkm mit dem Durchmesser von 10 km kann als eben betrachtet werden. Eine derartige Fläche, innerhalb deren sich die Kleintriangulierung, die Feldmeßkunst oder niedere Geodäsie betätigt, kommt lediglich für die Lagemessung in Betracht, für die Höhenmessung muß die Erdkrümmung früher berücksichtigt werden, da diese auf 1 km Entfernung bereits 8 cm in der Höhe, also bei 10 km = 800 cm, beträgt, da sie mit dem Quadrat der Entfernung wächst.

Die Triangulierung geht von dem Grundgedanken aus, daß mehrere Punkte in der Ebene durch gerade Linien so untereinander verbunden werden, daß eine Anzahl Dreiecke entsteht, von denen zwei benachbarte Dreiecke eine Seite gemeinsam haben, und daß es genügt, nur die Winkel des Dreiecknetzes zu messen, wenn eine Seite als Basis genau bestimmt worden ist. Mit den heutigen Hilfsmitteln wird die Standlinie oder Basis auf etwa $^1/_{500000}$ ihrer Länge genau bestimmt.

Nach der Länge der Dreieckseiten, die im Anschluß an die Basis bestimmt werden, hat man die Triangulierung in verschiedene Ordnungen eingeteilt. Je nachdem die Dreieckseiten 20—50 km und darüber, 10—20 und 3—10 km lang sind, werden Triangulierungen I. bis III. Ordnung unterschieden. Die beiden ersten faßt man als Haupttriangulierung zusammen, die letzte als Kleintriangulierung, die das Netz der Haupttriangulierung lediglich zu verdichten hat. Abb. 7 zeigt die Anlage eines Triangulationsnetzes,

Nachdem ein Land mit Dreieckspunkten überzogen ist, bestimmt man einen Dreieckspunkt als Zentralpunkt, dessen astronomische Länge und Breite genau festgelegt wird. Ferner wird eine Dreieckseite, die von diesem Punkt ausstrahlt, mit zur Bestimmung des Azimuts benutzt. Die weitere Folge ist

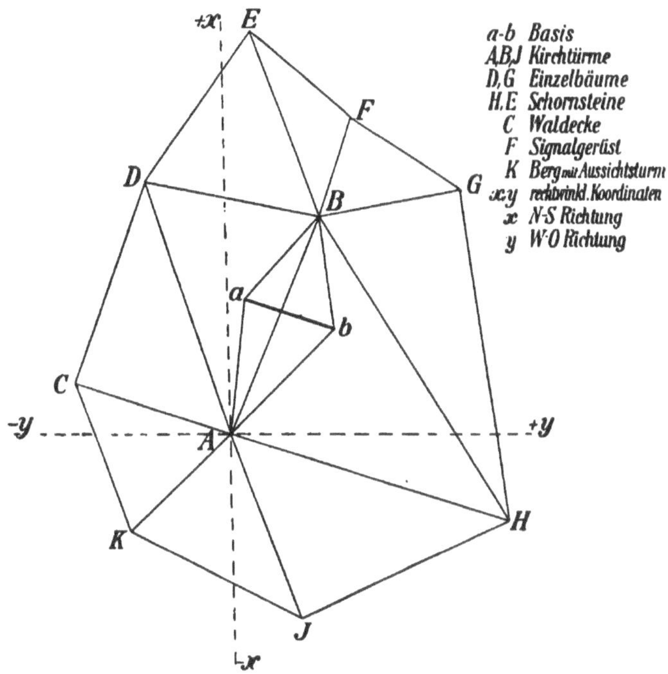

Abb. 7. Triangulierungsnetz.

die Übertragung der geographischen Länge und Breite auf die andern Punkte.

Vor 1923 hatten Preußen, Bayern und Württemberg ihre besonderen Zentralpunkte, weshalb das Gradnetz ihrer Karten an den Grenzen mit dem der benachbarten Karten nicht übereinstimmte. Seit 1923 hat das „Deutsche Einheitssystem" im Helmertturm[1]) des Geodätischen Instituts in Potsdam den Zentralpunkt. Wurden vordem die Meridiane nach Ferro gezählt, so jetzt nach Greenwich. Von jetzt ab werden die Örtlichkeiten nicht bloß nach geographischen, sondern auch nach den

[1]) Genannt nach Prof. Dr. F. R. Helmert, dem Direktor des Geodätisch. Instituts und des Zentralbüros der Internationalen Erdmessung 1843—1917.

Gauß-Krügerschen ebenen, rechtwinklig-konformen Koordinaten bestimmt (s. S. 81 ff.).

Die Dreieckspunkte der Triangulierung werden — es sei denn, daß sie als Türme, Schornsteine und andere Gegenstände als unveränderlich sichtbar gelten — als trigonometrische Punkte in freier Natur auf einer Granitplatte unterhalb der Erdoberfläche vermarkt, indem der genau festgelegte Punkt den Schnittpunkt zweier Kreuzstriche bildet. Über der Platte steht ein Granitpfeiler mit derselben Gemarkung auf der Scheitelfläche und auf der nach Süden gerichteten Fläche mit dem Buchstabenzeichen T. P. = trigonometrischer Punkt. Der trigonometrische Punkt wird auf den amtlichen Karten durch ein kleines Dreieck mit einem Punkt inmitten angegeben.

d. Nivellieren und Normalnullpunkt. Aber nicht bloß die Höhenpunkte ihrer horizontalen Lage nach will man wissen, sondern auch ihre Höhe über dem Meeresspiegel. Sie wird nach drei Methoden gefunden: mit der barometrischen, trigonometrischen und nivellistischen Methode. Die Genauigkeit dieser dreierlei Höhenmessungen steht in direktem Verhältnis zu der bei jeder Methode aufgewandten Arbeit.

Arbeits- und Zeitaufwand sind am größten beim Nivellieren, und das Ergebnis ist infolgedessen auch am genauesten, dagegen am ungenauesten bei der weit bequemer zu handhabenden barometrischen Höhenmessung.

Nivellieren heißt Höhenunterschiede benachbarter Orte vermittels der Horizontalrichtung und eines senkrechten Maßstabes unmittelbar ermitteln (s. Abb. 8). Zum Nivellieren gebraucht man Pendel- (statische) Instrumente, die aber, wie die Setzwaage, nur unvollkommen die

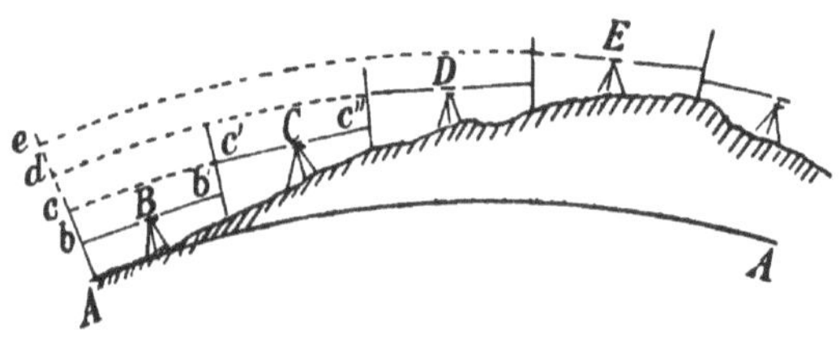

Abb. 8. Nivellierung.

waagerechte Linie angeben, vor allem jedoch hydrostatische Instrumente, wie Kanalwaage, Nivellierfernrohr und Kippregel. Die besseren Nivellierinstrumente sind sämtlich mit Fernrohr ausgestattet, vielfach auch mit Ringfernrohr in Verbindung mit der Fernrohrlibelle. Außerdem wird beim Nivellieren noch die Nivellierlatte mit cm-Teilung gebraucht, d. i. ein 2—4 m langer, geteilter Maßstab, gewöhnlich aus Tannenholz.

Jede systematische Höhenbestimmung gründet sich heutzutage auf die sog. Höhenfestpunkte, die in verschieden großen Abständen durch das Nivellierungsverfahren der Landesaufnahme gewonnen werden. Gewöhnlich folgen die Nivellierungen den großen Staatsstraßen, Eisenbahnlinien und Hauptwasserstraßen. Längs dieser Linien findet man in der Regel alle 2 km einen solid und unveränderlich angebrachten Bolzen, dessen Höhe bis auf mm genau angegeben wird. Im Deutschen Reiche — vorläufig noch ausgenommen Bayern, Württemberg und Sachsen — entfällt auf 34 qkm ein Festpunkt des Landesnivellements, jetzt Reichshöhennetz genannt.

Die Nivellierungslinie erhält größeren Wert, wenn sie zu ihrem Anfangspunkt zurückkehrt, also eine Art Schleife bildet. Erst dann kann über Sorgfalt und Genauigkeit der Arbeit ein abschließendes Urteil gefällt werden. Berühmt ist die Nivellementsschleife geworden, die von Bozen ausging und über Brixen, den Brenner, Innsbruck, Landeck, Mals, Meran Bozen wieder erreicht. Sie ist 356 km lang und zeigte den geringen Schlußfehler von 0,007 m, die Höhenstationen schwankten zwischen 250 und 1500 m [1]). Die Praxis hat festgestellt, daß das Nivellement gut ist, wenn der mittlere Fehler nicht mehr als 3 mm auf 1 km Länge beträgt. Heute ist die Genauigkeit des Feinnivellements meist noch viel größer.

Schwierig ist es, einen gemeinsamen Höhenausgangspunkt zu finden. Er ist wichtig für die Kartenherstellung,

[1]) F. R. Helmert gründete auf dieses Ergebnis seine Untersuchungen über „Die Schwerkraft im Hochgebirge, insbesondere in den Tiroler Alpen, in geodätischer und geologischer Beziehung", Berlin 1890.

da sich alle Höhenangaben in der Karte und somit die gesamte Geländedarstellung auf diesen Punkt beziehen. Mit Hilfe von Nivellements nach den benachbarten Küsten des Atlantischen Ozeans, des Mittelmeeres, des Adriatischen Meeres und der Ostsee — je nach der Lage der Länder — werden die Meereshöhen für die kartographisch wissenschaftlichen Zwecke der Landesvermessung abgeleitet. In den meisten Kulturstaaten bedient man sich einer Niveaufläche, die genähert mit dem ruhenden (mittleren) Meeresspiegel zusammenfällt, im übrigen aber durch eine bestimmte Höhenmarke festgelegt ist.

Der Ausgangspunkt des „Deutschen Landesnivellements" ist der Normalnullpunkt = N. N. (Landeshorizont), der 1879 durch eine Marke, die genau 37 m über der Normalnullfläche lag, an der ehemaligen Berliner Sternwarte am Enckeplatz angebracht war. Da 1912 die Sternwarte abgebrochen wurde, hat man für den gleichfalls in Wegfall gekommenen Normalhöhepunkt (= N. H.) an der Straße Berlin-Manschnow (zwischen Herzfelde und Hoppegarten) 10 unterirdische Punkte geschaffen, die durch genaue Nivellements mit dem alten N. H. verbunden wurden, wodurch auch die bisherige Normalnullfläche in unveränderter Lage festgestellt worden ist.

N. N. sollte in gleicher Höhe mit dem Amsterdamer Pegel (= A. P.) liegen. Eine derartige Übereinstimmung kann, streng wissenschaftlich betrachtet, niemals bestehen. Immer werden so weit voneinander gelegene Punkte Unterschiede aufweisen. So hat man denn auch gefunden, daß N. N. = 16 mm über A. P. liegt. Dieser Höhenunterschied, der sich innerhalb der Größenordnung der Nivellementsfehler bewegt, ist eben so klein, daß die N. N.-Höhen im kartographischen und geographischen Sinne als Meereshöhen anzusehen sind, was für die Kartenwerke der Landesaufnahme von großer Bedeutung ist.

Die Höhen in den Kartenwerken, die sich früher nach den A. P. richteten, brauchten infolge der Einführung von N. N. nicht geändert zu werden. Die günstige Lage von N. N. erlaubt auch den andern deutschen Staaten, diesen Nullpunkt für ihre Kartenwerke einzuführen. Die 6 verschiedenen Höhennullpunkte, die wir auf älteren deutschen Karten noch finden (Baden N. N. — 2,022 m, Bayern, linksrheinisch — 2,00, Bayern, rechtsrheinisch — 1,74, Hessen — 0,122 (arithmetisches Mittel!), Sachsen — 0,056, Württemberg — 2,022 m), dürften in wenigen Jahren zugunsten von N. N. vollständig verschwunden sein [1]).

e. Raumbildmeßverfahren und Luftbildaufnahme [2])[3]).

In der Entwicklung der Topographie spielt das Lichtbild seit mehr als einem Menschenalter eine bemerkenswerte Rolle; aber erst in jüngster Zeit ist es berufen, der Topographie neue Wege der Aufnahme zu eröffnen. Die größte Förderung und Erweiterung hat die Topographie in neuerer Zeit durch das Raumbildmeßverfahren und in weiterer Folge durch die Flieger- oder Luftbildaufnahme gefunden.

Beim Raumbild wird das Sehen des menschlichen Auges auf ein optisches Instrument übertragen, wobei ein Gegenstand oder eine Landschaft von zwei verschiedenen Standpunkten aus betrachtet und abgebildet wird, aber so, daß im Stereoskop beide Aufnahmen zu einem plastischen, körperlichen Modell verschmelzen. Erforderlich ist, die Entfernung beider Aufnahmestellungen oder die Standlinie (Basis) genau zu bestimmen und sie mit der Entfernung, d. h. mit dem aufzunehmenden Gegenstand in Einklang zu bringen.

Bei dem Raumbildmeßverfahren oder der Stereophotogrammetrie arbeitet man mit einer verhältnismäßig kurzen Standlinie (früher 30—150 m, jetzt zuweilen bis 500 m lang), deren Länge $^1/_{10}$ bis $^1/_{30}$ der zu messenden Entfernung sein muß, bei neuen Instrumenten bis $^1/_{50}$.

---

[1]) Vgl. H. Heyde: Die Höhenpunkte der amtlichen Kartenwerke der europäischen Staaten und ihre Lage zu Normal-Null. Berlin 1923.

[2]) Vgl. u. a. P. Gast: Vorlesungen über Photogrammetrie. Leipzig 1930. — H. Sarnetzky: Grundzüge der Luft- und Erdbildmessung. Berlin 1928.

[3]) R. Finsterwalder, Photogrammetrie, Walter de Gruyter u. Co., Berlin 1939.

Basislänge (normaler Abstand des Auges) (= 64 mm)	Länge (Radius) des stereoskopischen Feldes (0,35 m bis 450 m)
100 m	0,5 km bis 6 km
200 m	1,0 km bis 12 km
300 m	1,5 km bis 18 km
400 m	2,0 km bis 24 km

Das genaue Ausmessen der vorgetäuschten Körperlichkeit gestattet ein verfeinertes Stereoskop, der Stereokomparator. Mit der in ihm befindlichen ballonförmigen Meßmarke, die über der Landschaft zu schweben scheint, läßt sich das vorgetäuschte körperliche Modell nach allen Dimensionen auswerten. Punkt für Punkt kann man genau bestimmen.

Nicht jegliches Gelände ist für die Raumbildaufnahme geeignet. Es muß einen Einblick in die Gliederung der Formen gestatten, mag es auch sonstwie beschaffen sein, ob zugänglich oder unzugänglich, ob verkarstet, zerklüftet usw. Ebenes Gelände, Laub- und Nadelwald, Getreidefelder, Savannen sind für Raumbildaufnahmen nicht oder wenig geeignet, dagegen in erhöhtem Maße Küstengebiete.

Neben der stereophotogrammetrischen Punktbestimmung und Vermessung ist ein weiteres Ziel die unmittelbare Darstellung des Geländes, d. h. die an der Hand der Raumbilder vorgenommene Aufzeichnung von Höhenlinien und Situationsplänen. Das geschieht mit Hilfe des von E. v. Orel erfundenen und von C. Pulfrich verbesserten Stereoautographen. Auf Grundlage dieser Apparate sind bereits neuere konstruiert, die ein schnelleres Arbeiten gewährleisten. Sie verbürgen bei sachgemäßer Handhabung mindestens eine relative Genauigkeit von $^1/_{1000}$ in der Koordinatenbestimmung.

Was die zwei Aufnahmen von der Erde aus leisten, leisten in weit höherem Grade Schrägaufnahmen derselben Landschaft vom Flugzeug aus; denn sie gestatten einen größeren Einblick in die Geländegestaltung als rein terrestrische Aufnahmen.

Ähnliche Instrumente wie bei dem terrestrischen Verfahren werden auch bei der Auswertung der Fliegeraufnahmen gebraucht (Autokartographen).

Bei der Kartenherstellung durch die Luftbildaufnahme haben wir es fast ausschließlich mit Fliegerbildern zu tun. Sie werden in der Regel senkrecht aufgenommen, d. h. die optische Achse steht senkrecht zur Aufnahmeplatte. Mithin liegt diese selbst waagerecht, im Unterschied zur horizontalen Aufnahme, wo die Platte senkrecht wie bei der Erdaufnahme steht. Zwischen beide Aufnahmen reiht sich die Schrägaufnahme ein, bei der die Kammer geneigt wird. Ihr Spielraum bewegt sich innerhalb von 0° bis 90°.

Da bei der Schrägaufnahme oberer und unterer Plattenrand „verkantet" ist, wird sich diese Verkantung auch in der Aufnahme als ein Fehler bekunden, den man beim Lesen und Auswerten des Fliegerbildes zu berücksichtigen hat. Diese verkanteten Bilder müssen „entzerrt" werden, was nach verschiedenen Verfahren rechnerisch sowohl wie auch graphisch und mechanisch geschehen kann.

Die Schnelligkeit, mit der die Fliegeraufnahmen im Vergleich zu den zeitraubenden Vermessungen im Gelände selbst zustande kommen, hat zu der Frage geführt, ob die Geländemessungen überhaupt nicht durch Luftbildaufnahmen ersetzt werden können, und ob insbesondere auch die Gewinnung der zur Kartenkonstruktion notwendigen Festpunkte aus der Luft geschehen kann. Bei der Festpunktbestimmung durch die Luftaufnahme handelt es sich um das Problem des Rückwärtseinschneidens im Raume. Theoretisch haben es Finsterwalder, T. Fischer, Fuchs, Gast, Klingestroh, Werkmeister gefördert, praktisch, d. h. graphisch sowohl wie mechanisch, Hugershoff und Pulfrich.

Ist es auch noch schwierig, in einem neu zu erschließenden Gelände neue Festpunkte zu schaffen, so ist es hingegen ein ausgezeichnetes Verfahren, ein weitmaschiges Triangulationsnetz durch zahlreiche Neupunkte zu verdichten. bei der nur die Hauptbedingung besteht, daß das darzustellende Gelände zum mindesten auf zwei Platten abgebildet wird. Damit der Abbildungsmaßstab bei allen Bildern nahezu gleich ist, erscheint es als zweckmäßig, die Aufnahmen in ungefähr gleicher Höhe auszuführen. Im übrigen können die Bilder unter beliebiger Neigung und in beliebiger Aufeinanderfolge aufgenommen werden.

Das sind unverkennbare Vorteile der neuen Methode, wozu sich noch die gesellen, daß sie keiner „starren" Basis oder Standlinie zur gleichzeitigen Herstellung von gegeneinander orientierten Meßbildern wie die Meßtisch- und Stereophotogrammetrie bedarf, und daß die Aufnahmen von jedem beliebigen Flugzeug aus freier Hand ausgeführt werden können.

Von ebenso großer Wichtigkeit, wenn nicht größerer als die Verdichtung des Festpunktnetzes ist die photographische Aufnahme durch das Flugzeug, wobei ebenfalls zu betonen ist, daß die sicherste und beste Grundriß- und Geländedarstellung durch die terrestrische Aufnahme erzielt wird. Wo jedoch keine Möglichkeit oder Zeit zu topographischen Aufnahmen vorhanden ist, wird die Lichtbildaufnahme nicht bloß zum wichtigsten Notbehelf, sondern vielfach zum einzigen Aufnahmeverfahren.

Schwer zugängliche Gebiete, sei es im Hochgebirge, sei es in sumpfigen Niederungen, die topographisch bisher kaum gemeistert werden konnten, werden durch die Luftbildaufnahme sicher erfaßt, ferner auch Überschwemmungsgebiete, große Waldbrände, große Waldlandschaften u. v. a. m.

Weiterhin erblüht in der Verbesserung des topographischen Grundmaterials der Fliegeraufnahme ein aussichtsreiches Betätigungsfeld. Zur schnellen Herstellung einer detaillierten Grundrißzeichnung der Ortschaften ist die Luftbildaufnahme hervorragend geeignet. Bei manchen topographischen Arbeiten ist sie direkt als Unterlage für topographische Arbeiten zu verwenden. Beim Ausziehen des Krokis auf der Meßtischplatte ist sie zu benutzen; noch besser ist

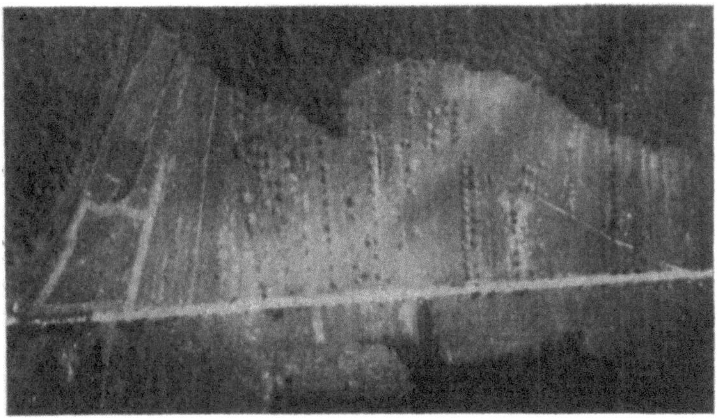

Abb. Fliegerbild. Originalaufnahme.

Abb. 10. Fliegerbild, topographisch bearbeitet.

es, gleich in der Natur auf den Lichtbildern zu krokieren. Zu dem Zwecke müssen die Bildabzüge auf mattem Papier hergestellt sein (Abb. 9). Trigonometrischer Festpunkt und eine größere Anzahl Lattenpunkte sind zu bestimmen. Der Grundriß wird in schwarzer Tusche und die Höhenlinien in Tusche oder

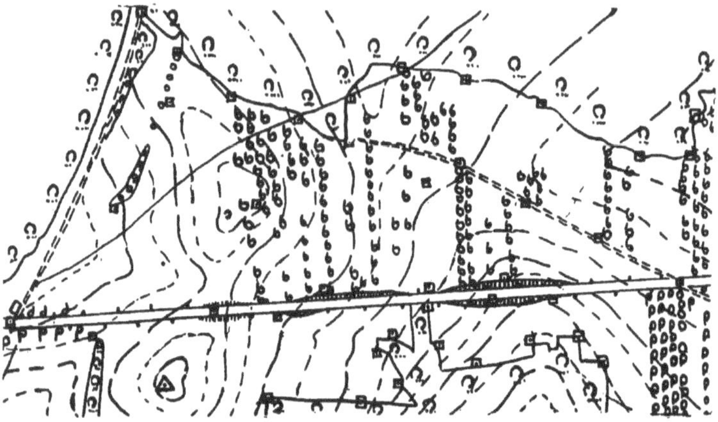

Abb. 11. Fliegerbild. Photographische Schicht ist ausgelaugt, Einzeichnungen bleiben bestehen. △ Trigonometrischer Festpunkt, ⊡ Lattenpunkte.

auch in Blei gezeichnet (Abb. 10). Die nötige Beschriftung wird gleichfalls in schwarzer Tusche vorgenommen. Nach Ausbleichen des Bildes mit Blutlaugensalz verschwinden die photographischen Einzelheiten des Bildes und nur die in der Natur ausgeführte und weiterhin vervollkommnete Zeichnung bleibt stehen (Abb. 11). Ein derartiges Verfahren beschleunigt die topographische Aufnahme und gibt ihr auch die gewünschte Genauigkeit.

Ganz gleich ob Topograph oder Kartograph, jeder hat großen Nutzen von den Lichtbildern. Der Kartograph wird sich ihrer auch gern bedienen, wenn ihm etwas in der topographischen Aufnahme zweifelhaft erscheint. Somit bilden die Lichtbildaufnahmen beim Werdegang einer Karte bis zuletzt einen unschätzbaren Belegstoff und sind ein willkommenes und kaum noch zu entbehrendes Hilfsmittel.

3. Das Kartennetz in Atlas-, Hand- und Wandkarten.

a. Das Gradnetz, die Projektionsgruppen und die allgemeinen Eigenschaften der Karte. Das Gradnetz der Erde ist dem der Himmelskugel entlehnt worden. Deshalb besitzen wir die Einteilung in 360 Meridiane und 180 Breitengrade (oder 176 Breitenkreise, 1 Äquator und 2 Polpunkte). Bei den Breitengraden bez. Breitenkreisen gibt es keinen Zweifel der Bezifferung, wohl aber bei den Meridianen. Abgesehen davon, daß viele Staaten den Meridian ihrer Hauptsternwarte als Nullmeridian betrachteten und die deutschen und andere europäische Kartenwerke sich nach dem Nullmeridian von Ferro richteten, hat doch der Greenwich-Nullmeridian seinen Siegeszug über die Erde gehalten, da ja die meisten Seekarten — und das sind englische — schon seit Jahren so geortet sind. Die neuen amtlichen Karten des Deutschen Reichs, unsere Schulatlanten und viele fremde öffentliche Karten zählen heute nach Greenwich. Auf Neudrucken der älteren amtlichen Karten des Deutschen Reichs wird Greenwich-^{0} besonders am Kartenrand angegeben. Zieht man $17^0\,40'$ von der Ferro-Länge ab, hat man Greenwich-Länge.

Die Gradnetzlinien umspannen 64800 1^0-Felder, 233280000 $1'$-Felder und 839808000000 $1''$-Felder. In der Breite von Berlin z. B. nimmt ein $1''$-Feld = 582,90 qm ein (= der Fläche eines größeren Wohnhauses). Man hat auch die 5^0-Felder, besonders jedoch die 10^0-Felder (also 6480) zusammengefaßt und sie zu beziffern versucht[1]).

Das Gradnetz der Kugel in der Ebene abzubilden ist die vornehmste Aufgabe der kartographischen Projektionslehre. In der Geographie bzw. Kartographie gebrauchen wir nur selten reine Projektionen, d. h. Projektionen im eigentlichen Sinne, in reiner Perspektive; denn Projektionen sind Abbildungen des Erdgradnetzes, gesehen vom Mittelpunkt der Erde

[1]) Zu nennen ist hier u. a. „Die Ziffernklassifikation der Erde“ von Hans H. F. Meyer in Pet. Mitt. 1930, das logisch, gut und übersichtlich aufgebaut ist. Sie ist der Dezimalgradation von A. Ruthardt (Pet. Mitt. 1928), das ja bereits anderen Systemen überlegen ist, vorzuziehen — von dem neuen und komplizierten Buchstabensystem von E. Henckels (Geoplan-System, Berlin-Zehlendorf 1934) ganz zu schweigen.

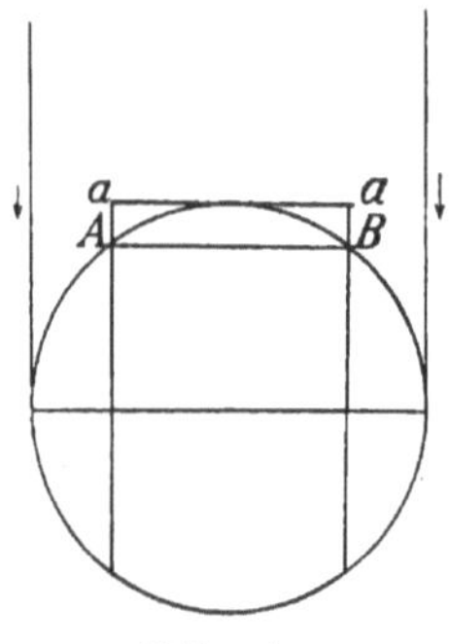

Abb. 12.
Orthographische Projektion.

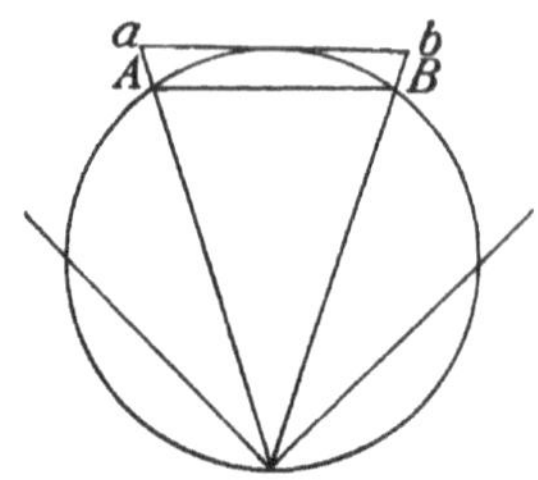

Abb. 13.
Stereographische Projektion.

aus oder von einem Punkte der Erdoberfläche oder aus unendlicher Entfernung.

Die perspektivische Projektion, bei der die Lichtstrahlen parallel laufen, also aus unendlicher Ferne kommen, bezeichnen wir als orthographische (reifentreue) Projektion (Abb. 12), wo der Gesichtspunkt an der Erdoberfläche liegt, als stereographische (winkeltreue) Projektion (Abb. 13).

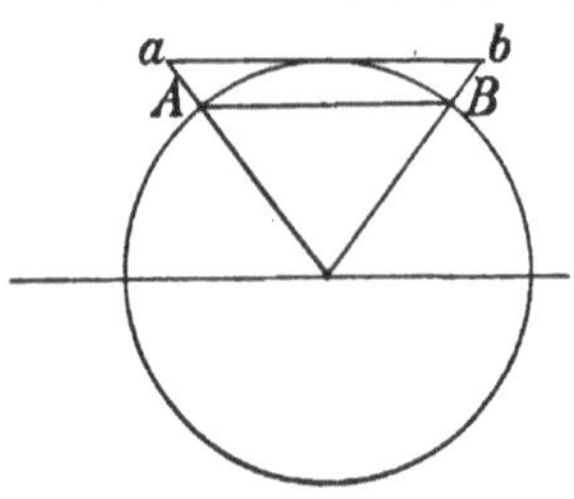

Abb. 14. Gnomonische Projektion.

Erlaubt jene nur die Abbildung der einen Hälfte der Erdkugel, so diese eine größere Fläche als die Halbkugel. Die Projektion, die den Gesichtspunkt im Mittelpunkt der Erde hat, ist die Zentral- oder Gnomonprojektion. In Abb. 14 wird durch sie der sechste Teil der Kugeloberfläche auf der Ebene A—B bzw. a—b abgebildet. Mithin kann die gesamte Erde gut auf einen Würfel projiziert werden.

Wenn schon bei der stereographischen Projektion Abstände und Flächen gegen den Rand stark zunehmen (s. S. 63), wird bei der Zentralprojektion die Zunahme noch viel stärker (wie die Tangenten). Alle Parallelkreise werden zu Hyperbeln, dagegen alle größten Kreise gerade Linien, wie es eben der Standpunkt inmitten der Erde zur Folge hat. Darum auch ihr Name orthodromische oder geradwegige Projektion. Da sie schon seit dem Altertum zur Konstruktion von Sonnenuhren (Gnomon) benutzt wird, führt sie die Bezeichnung „gnomonische" Projektion (Abb. 16). In der Geographie wird sie nicht angewandt, wohl in neuester Zeit bei Verkehrskarten, weniger für See- als neuerdings vielmehr für Luftfahrtkarten[1]).

Von den gesamten perspektivischen Projektionen hat sich in der Geographie lediglich die stereographische (winkeltreue) Projektion erhalten (Abb. 17, 35); aber auch ihr Darstellungsbereich, in der Hauptsache für Halbkugeln, hat sich sehr verengt. Über die stereographische Projektion vgl. weiter S. 63.

Was wir allgemeinhin als „Projektionen" bezeichnen, wenigstens im Deutschen, sind lediglich Konstruktionen, Entwürfe, die irgendeine besondere Eigenart des Erdkugelnetzes versinnbildlichen. Das sind die nichtperspektivischen Projektionen, die jedoch gleiche Eigenschaften wie die reinperspektivischen Projektionen besitzen können, wie die Winkeltreue bei den Azimutalprojektionen (s. unten), auch die Geradwegigkeit (Größtkreise) und die Reifentreue für die Halbkugel.

Der Globus ist bekanntlich das treueste Abbild der Erdkugel, eine x mal verkleinerte Erdkugel. Das Globusnetz muß darum alle Eigenschaften des Gradnetzes der Erdkugel besitzen, es muß sowohl winkel-, wie flächen- und längentreu sein. Winkeltreu ist das Globusnetz insofern, als alle Winkel, die man von irgendeinem Punkte auf dem Globus zieht, den entsprechenden Winkeln auf der Erdkugel gleich sind; es ist darum das Globusbild seinem Urbild in den kleinsten Teilen ähnlich. Ferner ist das Globusbild flächentreu, weil sich jedes Flächenstück im richtigen Verhältnis zum Urbild befindet, sich

[1]) Seekarten in gnomonischer Proj. f. den Atlant. u. Großen Ozean hat U. S. A. herausgegeben, Seeflugkarten als Größtkreiskarten für Luftnavigation (Nordatlant. Ozean, Mittlerer Atlant. Oz., Nordpolargebiet) A. Schumacher i. A. der Deutschen Seewarte.

also alle Flächenteile des Globus untereinander ebenso verhalten wie die zugehörigen Flächenteile der Erdoberfläche. Schließlich ist das Globusbild auch längentreu, weil nicht allein jede kürzeste Entfernung zwischen zwei Punkten im größten Kreise, sondern auch jede andere beliebige Kurve in der den wirklichen Verhältnissen entsprechenden Länge wiedergegeben wird.

In der Eigenart der Karte als Ebenenbild liegt es, daß sie all die Eigenschaften des Globusbildes nicht mit einem Male veranschaulichen kann; entweder ist ihr Netz nur winkeltreu (konform) oder nur flächentreu (äquivalent) oder nur mittabstandstreu, d. h. auch speichentreu (äquidistant). Vgl. die mittabstandstreue Karte mit dem Mittelpunkt Berlin (Abb. 36, S. 65). Flächentreue und Winkeltreue sind für geographische Karten die wichtigeren Eigenschaften.

Schließlich gibt es noch Projektionen, die zwischen Flächentreue und Winkeltreue zu vermitteln suchen, dabei aber selber weder flächen- noch winkeltreu sind. Es sind die vermittelnden oder ausgleichenden Entwürfe, die das Globusbild oder einen Teil dieses Bildes auf der Karte möglichst in der Form, wie sie auf dem Globus selbst gezeichnet ist, darzustellen versuchen, also das wahre Gesicht, das Gesicht ohne Verzerrung. Da dies nun weder flächentreu noch winkeltreu geschehen kann, muß im Entwurf ausgeglichen werden. Mit Vorliebe gebrauchen Kartographen derartige gesichtstreue Abbildungen, z. B. E. Debes, O. Winkel.

Jede Projektion verzerrt das Aussehen der Kontinente, was deutlich wird, wenn wir ein menschliches Gesicht in das Entwurfsnetz hineinzeichnen, wie die Abb. 15—19 zeigen. Auffällig sind hier insonderheit die Verzerrung der orthographischen Projektion und die Flächenfälschung der Mercatorprojektion, auf die wir gleich zu sprechen kommen. Jede Erdkarte in Mercatorprojektion ist ein solch erschreckender Wasserkopf. Die Globularprojektion (Abb. 15) ist eine ver-

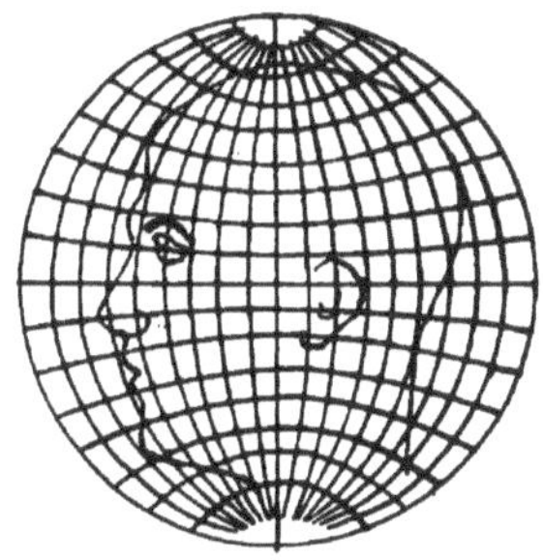

Abb. 15. Globularprojektion.

Abb. 16. Orthodromische Projektion.

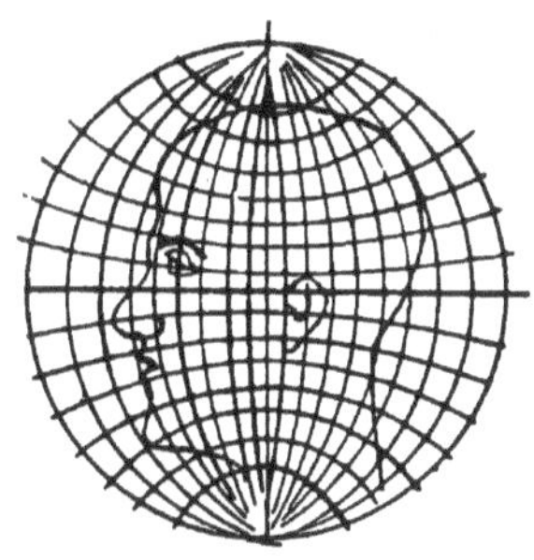

Abb. 17.
Stereographische Projektion.

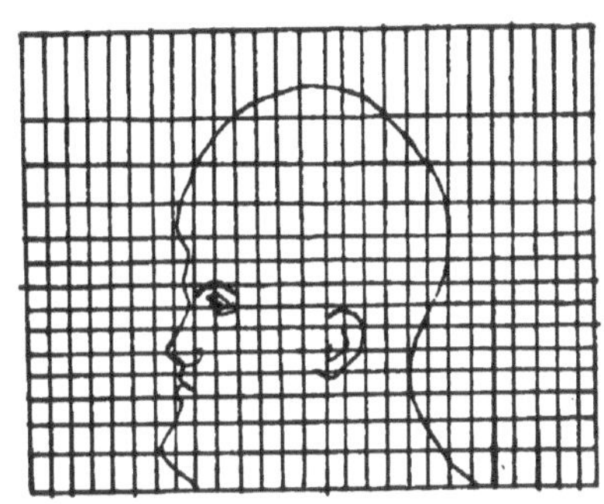

Ab. 18. Mercatorprojektion.

mittelnde Projektion. Ihre Konstruktion ist sehr leicht; Äquator und Mittelmeermeridian werden in gleiche Teile geteilt, desgleichen der äußere Kreis. Die jedesmal drei entsprechenden Punkte werden durch Kreislinien verbunden.

Das Globusnetz läßt sich auf solche Flächen abbilden, die sich in der Ebene abwickeln lassen. Diese Flächen sind Zylinder-, Kugel-, Wulst- und Würfelfläche, also insgesamt Hilfsflächen, und die Ebene selbst. Auf dieser Voraussetzung beruhen sämtliche Projektionen, wie sie in Atlas-, Hand- und Wandkarten abgebildet werden.

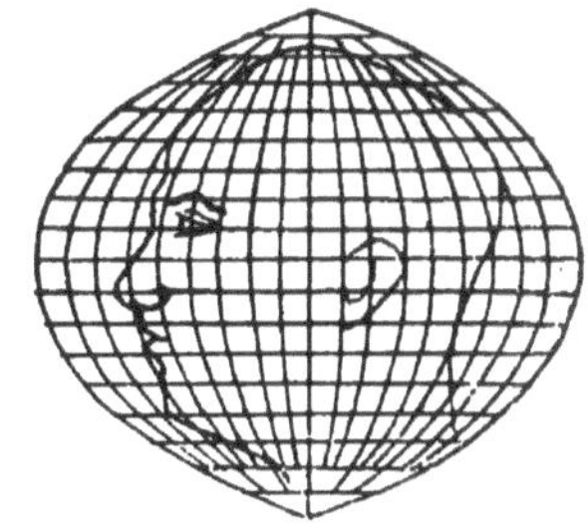

Abb. 19. Flächentreue Projektion (nach M. Eckert).

Die bevorzugteste Fläche ist gegenwärtig die Ebene. Das Kugelnetz wird auf eine Ebene übertragen, die in der Mitte die Kugel berührt. Im allgemeinen werden hierbei Kugelkappen abgebildet. Das Verfahren geht dahin, daß im Mittelpunkt (Berührungspunkt) das Azimut (s. Abb. 5, S. 27) erhalten bleibt. Diese Gruppe von Entwürfen nennt man Azimutal-Projektionen. Sie müssen das Azimut aller Punkte auf der Erdkugel und in der Karte in Bezug auf den Kartenmittelpunkt bewahren. Die Hauptkreise bilden ein Strahlenbüschel, dessen Zentrum zugleich Kartenmittelpunkt ist. Dagegen bilden die Horizontalkreise ein System konzentrischer Kreise, dessen Mittelpunkt im Schnitt-

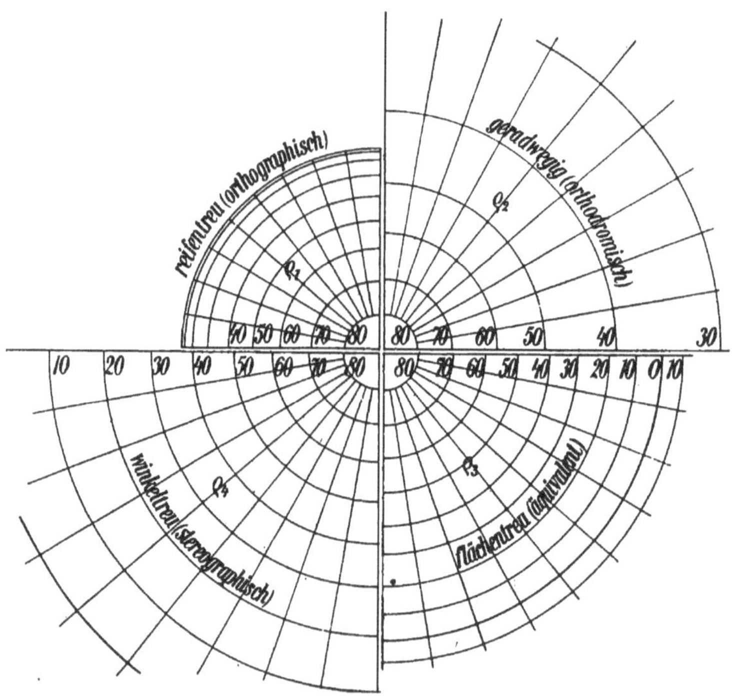

Abb. 20. Vollständige Azimutal-Projektionen.

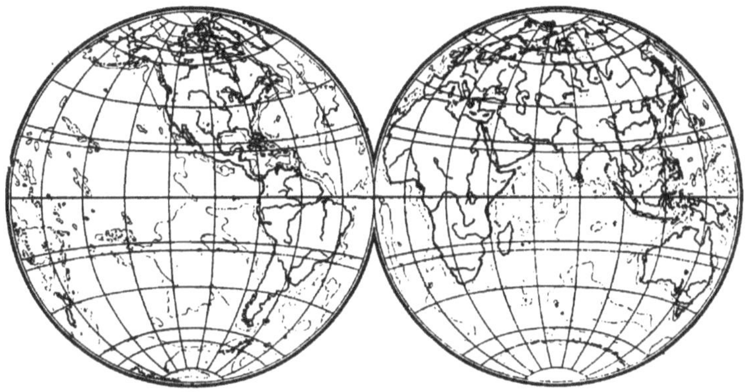

Abb. 21. West- und Ost-Halbkugel (äquatorständige oder transversale Projektion)

punkt der Meridiane (wenn die Karte Polstellung hat) oder im Schnittpunkt von Meridian und Parallel liegt.

Der Mittelpunkt der Kugelkappe (s. S. 48) bzw. des Kartenentwurfs kann entweder im Pol oder am Äquator oder zwischen Pol und Äquator liegen; darnach unterscheiden wir polständige oder normale (auch Polarprojektionen, Abb. 20), äquatorständige oder transversale (auch Äquatorialprojektion, Abb. 21), zwischenständige oder schiefachsige oder hori-

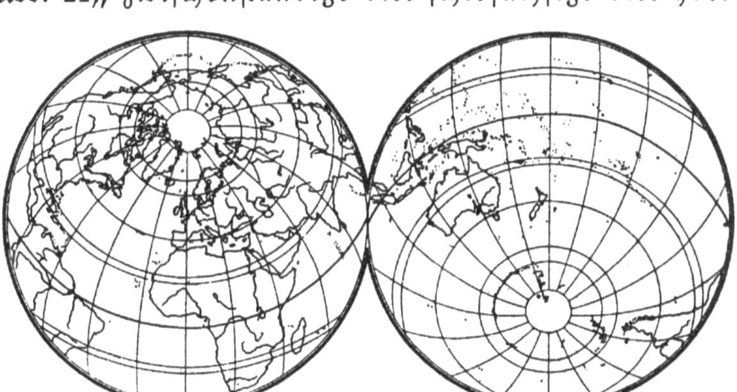

Abb. 22. Land- und Wasserhalbkugel (schiefachsige oder zwischenständige oder horizontale Projektion).

zontale (weniger gut: Meridionalprojektion) Azimutalprojektionen (Abb. 22).

Bezeichnet bei den azimutalen Entwürfen r den sphärischen Halbmesser des Breitenparallels auf der Kugeloberfläche und ϱ den geradlinigen Halbmesser desselben Breitenparallels in der Bildebene, durch den also der Abstand eines Punktes vom Augenpunkte gemessen wird, haben wir für die fünf hauptsächlichsten strahligen Gradnetzentwürfe (Azimutalentwürfe) folgende Gleichungen:

I. Entwurf: $\varrho_1 = r . \sin \alpha$ (reifentreu)
II. Entwurf: $\varrho_2 = r . \operatorname{tg} \alpha$ (geradwegig)
III. Entwurf: $\varrho_3 = 2 r . \sin \alpha/2$ (flächentreu)
IV. Entwurf: $\varrho_4 = 2 r . \operatorname{tg} \alpha/2$ (winkeltreu)
V. Entwurf: $\varrho_5 = r . \operatorname{arc} \alpha$ (mittabstandstreu)

Die Entwürfe I und II verwendet man vornehmlich für astronomische Karten, dagegen III, IV und V für die Gang- und Gebe-Karten der Geographie. Abb. 23 zeigt die verschiedenen Größen der Radien und die mit ihnen konstruierten Horizontalkreise (Halbkreise!)

Die mit ϱ_1, ϱ_2, ϱ_3 und ϱ_4 konstruierten polständigen Netze (in Vierteln) zeigt Abb. 20. In Abb. 36 S. 65 ist die vollständige Konstruktion eines speichentreuen Netzes der gesamten Erde gegeben, also mit ϱ_5.

b) Flächentreue Netze. Die Karte ist flächentreu, wenn die Fläche der Karte ihr richtiges Größenverhältnis mit dem Urbilde bewahrt. Die Formen der Gradnetzmaschen können mit Einschluß des Quadrats die verschiedensten Viereckformen bzw. Dreieckformen an den Polen annehmen; denn es gibt bekanntlich gleiche Resultate, ob man z. B. 2 mit 8 oder 4 mit 4 multipliziert. Gesetzt den Fall, der eine Meridiangrad ist 4 cm, der andere 8 cm lang, so bleibt die mit ihnen gefundene Fläche die gleiche, wenn der Meridian von 4 cm mit einem Breitenparallel von 4 cm Länge und der Meridian von 8 cm

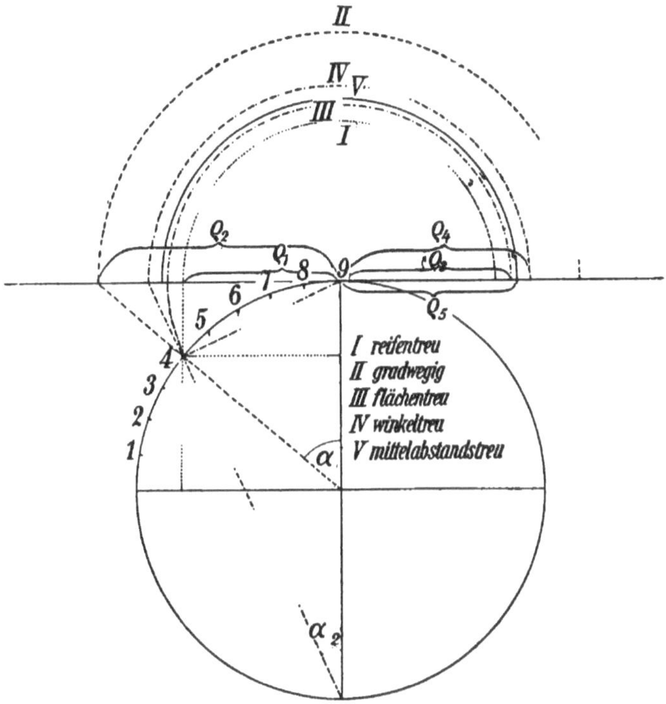

Abb. 23. Wachsende Horizontkreise mit den Radien der azimutalen Projektionen.

mit einem Breitenparallel von 2 cm multipliziert wird; das Ergebnis ist in beiden Fällen 16 qcm.

In jeder Projektionsgruppe gibt es flächentreue Projektionen. Unter den Zylinderprojektionen sind bisher zwei flächentreue vertreten. Die einfachere von beiden erhält man, wenn der Äquator abweitungs-[1]) oder längentreu abgebildet und die Gradfelder zur Aufrechterhaltung der Flächentreue nach dem Pole zu immer mehr zusammengedrückt werden;

[1]) Von Abweitungstreue spricht man, wenn die Meridiane die Parallelen so schneiden, daß die einzelnen Parallelstücke denen der Erdkugel genau entsprechen, d. h. in der Verkleinerung die gleiche Größe wie in der Natur besitzen.

mit andern Worten, man läßt den Abstand der Parallelen mit dem Sinus der Breite oder mit der Höhe der Kugelzonen wachsen. Dies Kartenbild, nicht besonders gut, hat schon Lambert konstruiert. Behrmann hingegen ging bei der Konstruktion seiner flächentreuen Zylinderprojektion von der geringsten Winkelverzerrung aus und fand ein brauchbares Bild, wenn die Kugel durch einen Zylinder in 30° n. Br. bzw. s. Br. durchstoßen wird. Die Abweitungstreue des 30. Parallels erhält gleichfalls der Äquator; um die Flächentreue herzustellen, müssen die Gradfelder äquatorwärts mehr und mehr auseinandergezogen und polwärts mehr und mehr zusammengedrückt werden (vgl. Abb. 24).

Unter den unechten (weil sie rein auf Konstruktion beruhen) flächentreuen Zylinderentwürfen ist zunächst die Mercator-Sansonsche Projektion (Abb. 25) zu erwähnen. Sie ist

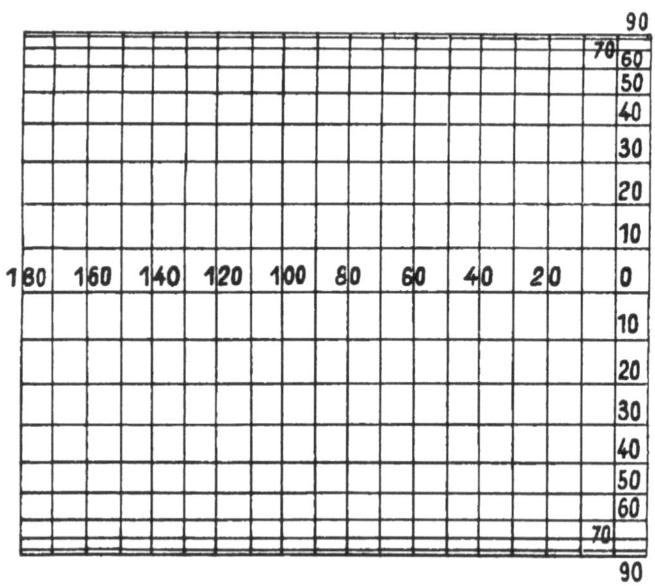

Abb. 24. Behrmanns flächentreuer Entwurf.

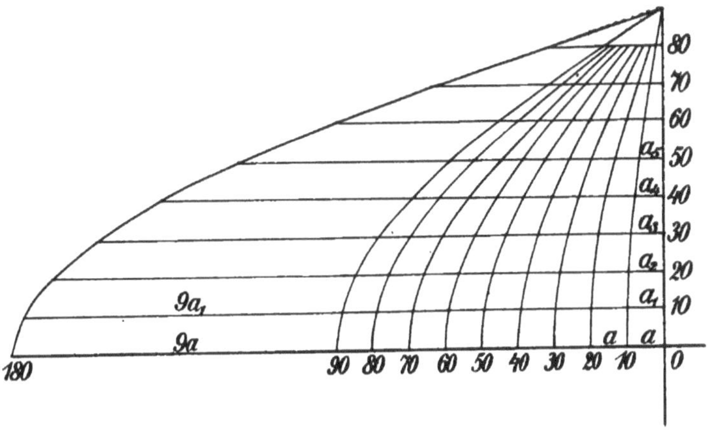

Abb. 25. Mercator-Sanson-Projektion.

eine abweitungstreue (flächentreue) Plattkarte. Während auf den echten Zylinderprojektionen nur der Äquator abweitungstreu abgeteilt ist, wird bei der Mercator-Sansonschen Projektion jeder der gestreckten Parallelkreise abweitungstreu abgeteilt. Die Meridiankurven sind keine Ellipsen. Für Karten am Äquator, z. B. für Afrika, ist die Projektion ganz gut brauchbar, nicht für Erdübersichten wie die folgenden.

Innerhalb der unechten Zylinderentwürfe gibt es einige schon öfters gebrauchte Entwürfe, wie die von Mollweide und von Eckert. Bei Mollweide laufen die Meridiane im Polpunkt zusammen, bei Eckert treffen sie auf eine Pollinie auf, die die halbe Größe des Äquators besitzt. Die Pollinie ist deshalb eingeführt worden, um für Eintragungszwecke im NO und NW bzw. SO und SW günstigere Räume zu haben, was insonderheit politischen und wirtschaftsgeographischen Karten zugute kommt. Das Leitmotiv beider Projektionsarten ist, innerhalb einer gegebenen Figur (Kreis, Ellipse und verwandte Figuren) Zonenstreifen gleichen Areals mit den entsprechenden Halb- oder Ganzkugelstreifen zu konstruieren. Daß innerhalb einer Kreis- oder Ellipsenfläche die Zonenstreifen, die Gürtel des Entwurfs nicht die gleiche Breite (Höhe) wie auf der Erdhalbkugel haben können, ist ohne weiteres einzusehen. Die Parallelen bleiben bei beiden Projektionsarten gestreckte Parallelen, weshalb die Verbreitungsgrenzen von Tieren und Pflanzen gut zu verfolgen sind[1]).

Die Mollweidesche Projektion (früher nichtssagend als homalographische Projektion bezeichnet) geht davon aus, die Erdhalbkugeloberfläche auf eine Kreisfläche zu übertragen, also $2r^2\pi = \pi R^2$, wobei R der Halbmesser der Kreisfläche ist: $R = r\sqrt{2}$. Wie schon oben gesagt, bleiben die Parallelen gerade Linien. Ihre Entfernungen (y) voneinander werden, damit die abgetrennten Zonenstreifen gleich den entsprechenden Zonen der Erdhälfte werden, nach der Formel $\pi \sin \varphi = \sin 2\alpha + 2\alpha$ berechnet, wobei α der Winkel zwischen Äquator und dem Vektor zum Schnittpunkt des Parallels mit dem Kreise ist. Ist das Halbkugelnetz konstruiert, läßt es sich leicht, d. h. ganz mechanisch, nach beiden Seiten zu einem Ganzkugelnetz erweitern. Die Figur wird alsdann von einer Ellipse umrandet (s. Abb. 26).

Eckerts flächentreue Projektionen kann man sowohl als unechte Zylinderprojektionen auffassen, wie als Abwick-

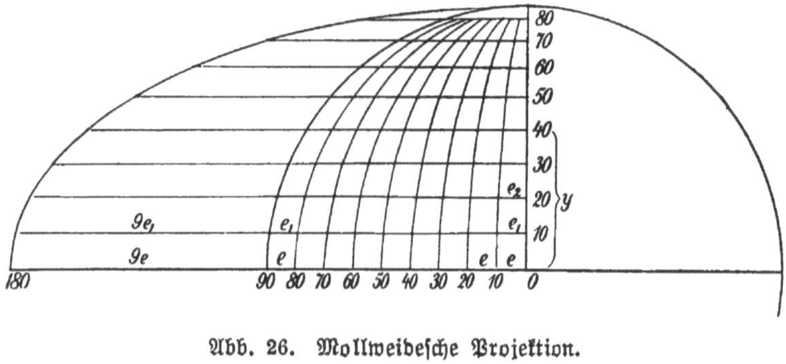

Abb. 26. Mollweidesche Projektion.

[1]) Man sehe sich nur einmal auf Abb. 29 die ungeheure, die wirkliche Ausdehnung der Tropen an, die etwa $^{2}/_{5}$ der gesamten Erdoberfläche einnimmt.

lungsergebnis eines halben Wulstes (s. Abb. 27), dessen Umfang (Äquator) noch einmal so groß ist als die Polbasis (darum die Pollinie = $^1/_2$ Äquator). Es ist aus diesen Erwägungen heraus eine Reihe flächentreuer Projektionen entstanden, deren erste eine Doppeltrapezform hat, bei der nicht bloß die Parallele gerade Linien sind, sondern auch die Meridiane; es ist Eckerts flächentreuer Entwurf Nr. I, das flächentreue Trapeznetz. Der zweite flächentreue Entwurf zeigt die Meridiane in elliptischen Kurven; es ist Eckerts flächentreues Netz Nr. II oder der flächentreue Ellipsenentwurf (Abb. 28)[1]). Bei dem dritten sind die Meridian-

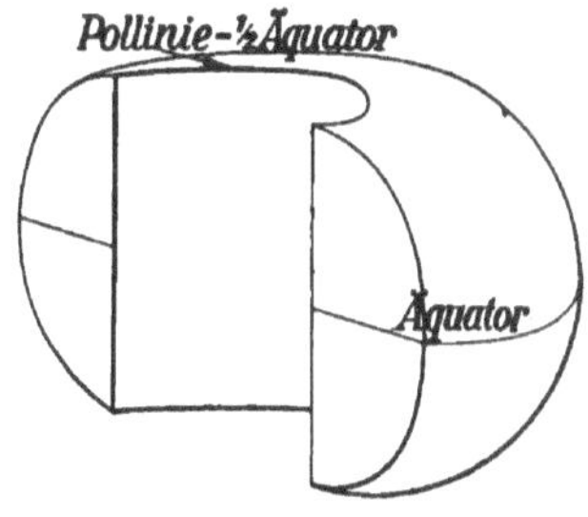

Abb. 27. Ein halber Wulst.

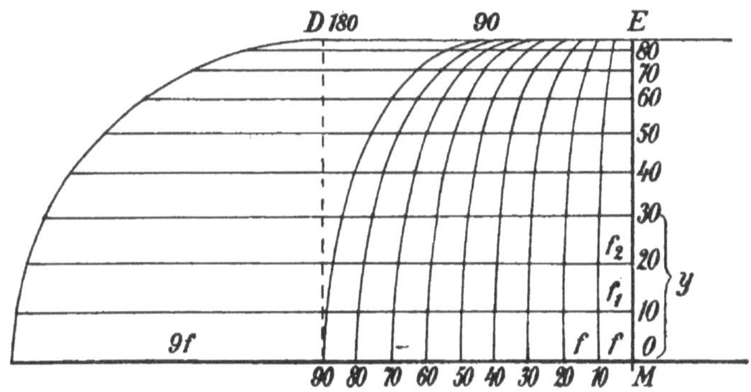

Abb. 28. Eckerts flächentreuer Ellipsenentwurf.

kurven (Ausmaß der Breitengrade: „y") auf Grund einer Sinuslinie nach der Formel y = sin x konstruiert; es ist

[1]) Die Eckertschen Entwürfe finden sich in Schulatlanten (Sydow-Wagners Methodischer Schul-Atlas, bearbeitet von Haack und Lautensach, Gotha, J. Perthes), in Handatlanten (Baratta-Visintin: Grande Atlante Geografico, Novara Agostini), auf Wandkarten (Eckerts Eisenerzkarte der Welt, Berlin, Gea-Verlag; Fritz' Tektonische Schulwandkarte, Wien, Freytag & Berndt) und in andern Kartenwerken und Lexika.

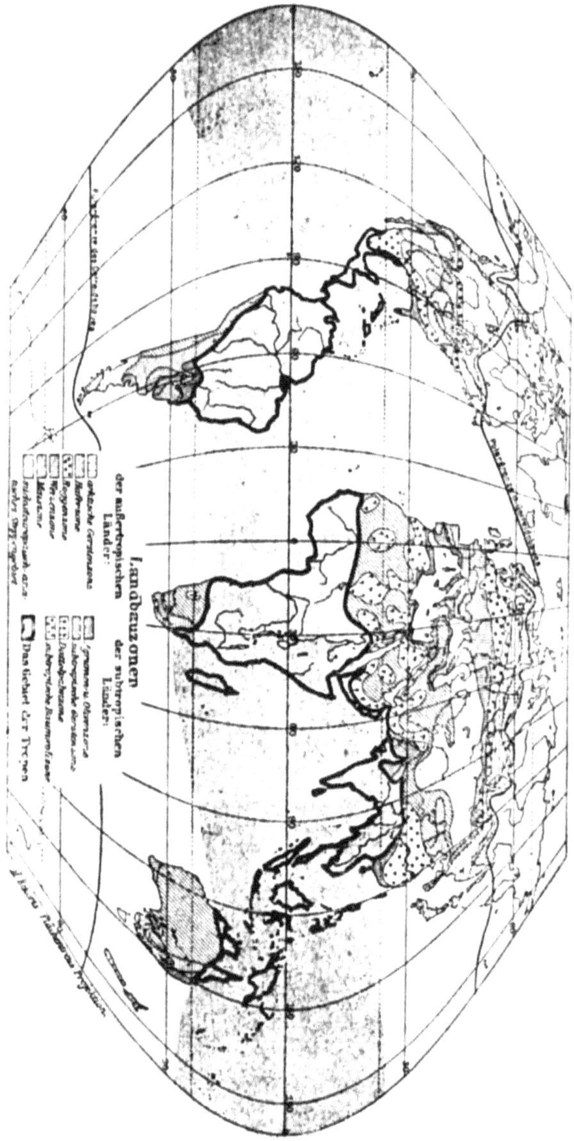

Abb. 29. Eckerts flächentreue Sinus-Projektion.

Eckerts flächentreues Netz Nr. III oder der flächentreue sinusoidale Entwurf oder kurz der flächentreue Sinusentwurf (Abb. 29).

Da all diese und andere Kartennetze von Haus aus mehr oder minder schwer zu konstruieren sind, hat man ihnen Tabellen für die entscheidenden Konstruktionselemente beigegeben, die

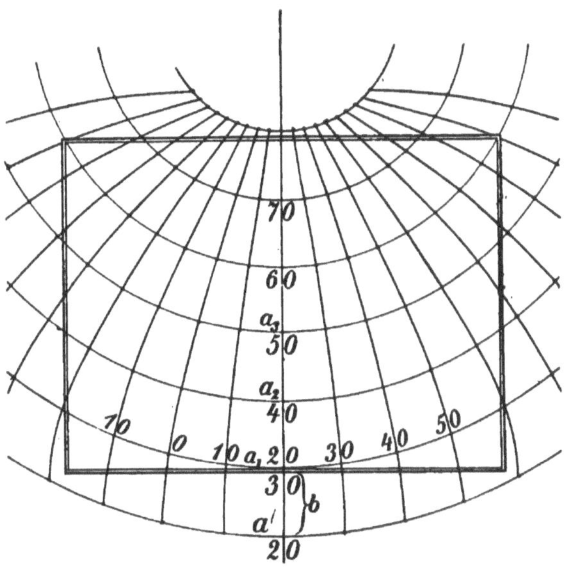

Abb. 30. Bonnesche Projektion.

sich entweder auf den Entwurfsradius = 1 oder auf den Radius des Globus bzw. der Erde = 1 beziehen.

Bei der Umschau nach flächentreuen Kegelprojektionen bzw. Entwürfen finden wir nur innerhalb der Untergruppe „unechte Kegelprojektionen" etwas Geeignetes, und zwar ist es im Grunde genommen die alte Stab-Wernersche Projektion, aber von Rigobert Bonne im 18. Jahrhundert wieder neu ersonnen (Abb. 30). In diesem Gewande wurde sie einer großen offiziellen Karte zugrunde gelegt, der französischen Karte 1 : 80000 durch das Dépôt de la guerre. Die Parallelkreise werden gemäß der einfachen Kegelprojektion konstruiert, wobei ein Kreis Berührungskreis des Kegelmantels mit der Kugel ist, in Abb. 31 P—P_1. Bei Bonne wird nun jeder Parallel entsprechend seinen Abweitungen geteilt. Die korrespondierenden, durch die Abweitungen gefundenen Schnittpunkte werden durch Kurven verbunden und das flächentreue Netz ist entstanden.

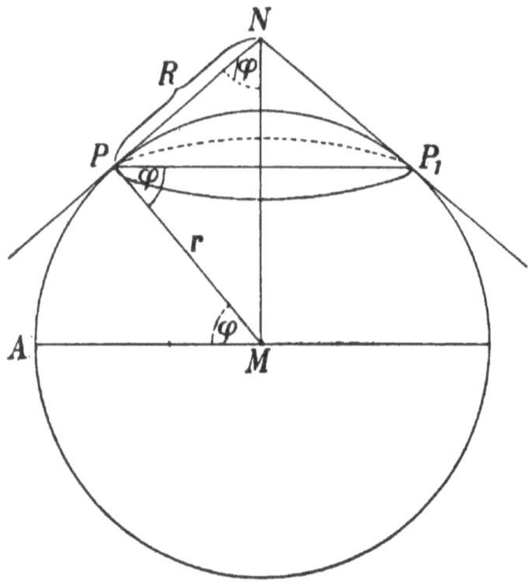

Abb. 31. Konstruktionsbild der einfachen Kegelprojektion in normaler Lage.

Die flächentreuen Netze der vorhergehenden Projektionen finden wir in der Hauptsache in den Gruppen der unechten Projektionen; in der großen Gruppe der azimutalen Projektionen gehören die flächentreuen lediglich den echten Azimutalprojektionen an. Sie basieren auf der Gleichung $\varrho = 2$ r. sin $^{\alpha}/_{2}$ (S. 50). Die flächentreue Azimutalprojektion ist nichts anderes wie die Projektion der Kugelkalotte und findet durch diese ihren Beweis für die Flächentreue oder Äquivalenz. Je nachdem die Kugelkalotte auf der Kugel aufsitzt, wird die flächentreue Projektion pol- oder äquator- oder querständig sein.

Die flächentreuen Azimutalprojektionen haben in neuerer Zeit ein großes Feld der Betätigung gefunden. Man bevorzugt sie in den Schul- wie Handatlanten, auf Erdhalbe- und Erdkarten sowohl wie auf Kontinental- und Länderkarten. Im großen und ganzen folgt man hierbei den Anregungen und Darlegungen, wie sie Lambert schon vor länger als hundert Jahren gegeben hat. Das flächentreue Erdhalbkugelbild läßt sich leicht in das flächentreue Bild der ganzen Erdkugel umwandeln, indem man von sämtlichen Netzschnittpunkten Lote auf den Äquator fällt, diese halbiert und den durch die neu gewonnenen Punkte gelegten Meridianen (Ellipsen) eine doppelte Bezifferung, die vom Mittelmeridian aus gerechnet werden, gibt. Es entsteht ein Gesamtbild in Ellipsenform, das man — weil es E. Hammer zuerst konstruiert hat — „Hammersche Projektion" nennt.

Das gleiche Bild wird erreicht, wenn man — wie M. Eckert nachgewiesen hat [1]) — anstatt die Ordinaten zu verkürzen, die Abszissen (auf dem Mittelmeridian als x-Achse) verdoppelt. Das Netz wird dasselbe sein, nur in anderm Maßstabe. Von demselben Gedanken getragen ging Eckert dazu über, die Abszissen zu vervierfachen und bewahrte auch hier die Flächentreue [2]). So ist Eckerts flächentreues Netz Nr. IV (s. Abb. 4, S. 26) oder Eckerts azimutaloider Entwurf entstanden, getragen von den Erwägungen, ein flächentreues Netz ohne Pollinie mit geringsten Verzerrungen, mit möglichst wenig gebogenen Parallelen, mit tunlichst bewahrter Gesichtstreue (s. Abb. 19, S. 47) zu schaffen, also ein Netz, in dem alle möglichen Konstruktionsunzuträglichkeiten, wie sie das Ebenenbild mit sich bringt, ausbalanciert sind. Dasselbe Kartenbild erhält man, wenn man den Weg Hammers mit Eckerts Endziel weiter befolgt.

c) **Winkeltreue Netze.** Das Kartennetz ist winkeltreu, wenn irgendein kleines Dreieck auf beliebiger Stelle des Kartenbildes dem Urbild entspricht, und zwar in der Weise, daß das Dreieck des Urbildes so klein ist, daß seine Seiten noch als gerade Linien gelten können. Diese Kleinheit weiter vorausgesetzt, muß gestatten, daß alle Winkel auf dem Urbild, die von den

[1]) Pet. Mitt. 1920.
[2]) Pet. Mitt. 1935.

von irgendeinem Punkte ausgehenden Linien gebildet werden, mit entsprechenden Winkeln der Abbildung übereinstimmen und umgekehrt. Darauf ist immer zu achten, daß die Lösungen der Seiten proportional bleiben. Folgendes Beispiel ist aus M. Eckerts „Geographischen Praktikum" entnommen.

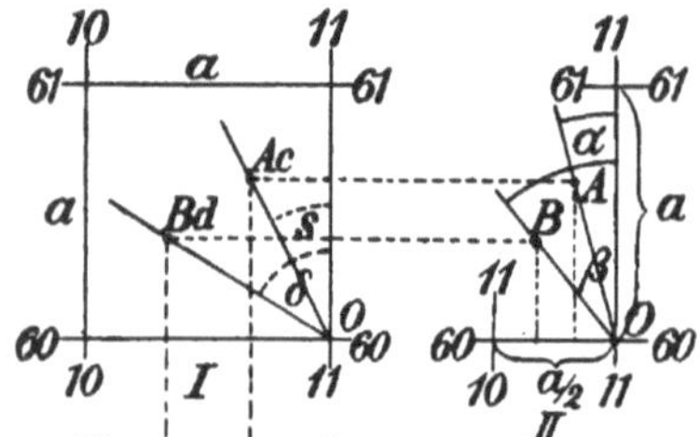

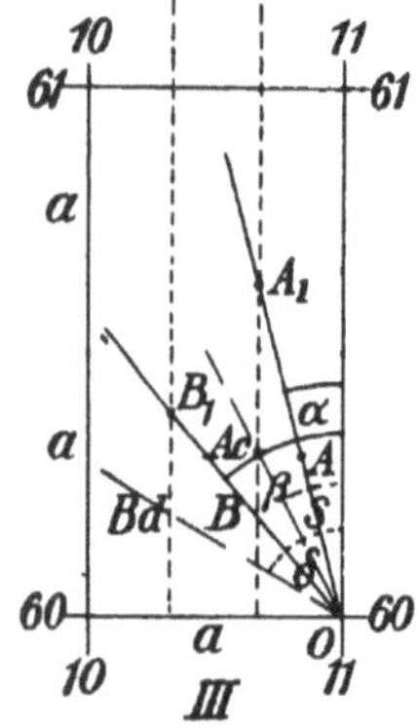

Abb. 32. Die durch die Mercatorkarte herbeigeführte Flächenfälschung.

Bekanntlich schneiden sich auf der Erde Meridiane und Parallele (Breitenlinien) stets unter rechtem Winkel. Das Netz der quadratischen Plattkarte also, ein Netz von gleichgroßen Quadraten, ist nur scheinbar winkeltreu; es fehlt ihm die Proportionalität der Seiten. Winkeltreue ist lediglich am Äquator zu finden. Bei dem Nachweis der Proportionalität gehen wir von einem Quadrat der Plattkarte aus; es sei dies (Abb. 32, I) gegeben vom Meridiangrad 10—11 und vom Breitengrad 60—61. Auf ihm verhalten sich die Netzgradseiten wie 1:1, a = a. In Wirklichkeit ist das Verhältnis, da der 60. Parallel = $^1/_2$ Äquator ist, wie 1 : 2, $a/_2$: a (Abb. 32, II). Gesetzt den Fall, der Ort A auf der Erde sei vom 11. Meridian $^1/_6$ a und B = $^1/_3$ a entfernt, so müssen diese Orte auf der Plattkarte, da hier $^1/_2$ a zwischen 10° und 11° gleich a geworden ist, $^1/_3$ a und $^2/_3$ a vom 11. Meridian entfernt sein; das sind die Punkte Ac und Bd. Während jedoch A das wirkliche Azimut α und B das Azimut β hat, so haben Ac und Bd bedeutend größere Winkelwerte zur Folge, nämlich σ und δ. Infolgedessen ist die Plattkarte nicht winkeltreu.

Bei der Herstellung der Winkeltreue muß, wie oben gesagt,

das Verhältnis zwischen Breitengrad und Meridian bestehen bleiben, was in vorliegendem Falle soviel bedeutet, daß bei 60° Breite das a für den Abstand 60° bis 61° verdoppelt werden muß, wie Abb. 32, III zeigt. Wir erhalten die Punkte A_1 und B_1. Sie haben die richtigen ursprünglichen Azimute wie in II. Mithin ist der Entwurf winkeltreu, da auch auf den andern Breiten ähnliche Verhältnisse walten, wobei sich Längen und Breiten nach dem Pole zu immer mehr ausdehnen, dagegen nach dem Äquator zu immer kürzer werden, um an diesem selbst in das naturgegebene Verhältnis überzugehen (s. oben).

Auf dieser eben erläuterten Proportionalität der Seiten als einem wesentlichen Bestandteil der Winkeltreue beruht die Mercatorkarte (s. unten). Die Proportionalität der Seiten beginnt vom Äquator aus. Ein ähnliches Verhältnis waltet vor, wenn die Maschenlinien durch Kreise bzw. Kreisstücke gebildet werden, wie bei der stereographischen Projektion (s. S. 63); hier bildet die Mitte, der Konstruktionsmittelpunkt, den Ausgang der Proportionalität der Karten. Mit der Entfernung vom Äquator oder vom Kartenmittelpunkte werden die Gegensätze zwischen Winkeltreue und Flächentreue immer größer, d. h. da die Winkeltreue gewahrt bleibt, entfernt sich die Flächentreue immer mehr von den wahren Werten (s. auch Abb. 35, S. 64). Die Flächen werden geradezu gefälscht, was sich — wie bereits bemerkt — auf politischen und wirtschaftsgeographischen Karten in winkeltreuen Entwürfen geradezu verhängnisvoll auswirkt, weil sie falsche Vorstellungen erwecken, die zudem geglaubt werden.

Winkeltreue Karten bevorzugt der Seemann und der Geodät. Für die Schiffahrt hat keine andere Projektion annähernd die Bedeutung wie die Mercatorprojektion. Außer ihres weit ausgedehnten Anwendungsbereiches hat sie besonders nautische Vorzüge, weil der schrägläufige (die Meridiane in gleichem Winkel schneidend) oder loxodrome Kurs auf ihr eine gerade Linie ist (Abb. 33), auf der Plattkarte dagegen eine gebogene Linie (Abb. 34). Deshalb wird die Mercatorprojektion in nautischen Kreisen kurzerhand Seekartenprojektion genannt.

Das Wesen der Mercatorprojektion besteht also darin — um es nochmals mit anderen Worten zu sagen —, daß die Breitengrade nach dem Pole zu in demselben Verhältnis wachsen, d. h. vergrößert werden, wie die Parallelkreise im Verhältnis zum Äquator zunehmen. Darum wird sie als die Projektion der wachsenden

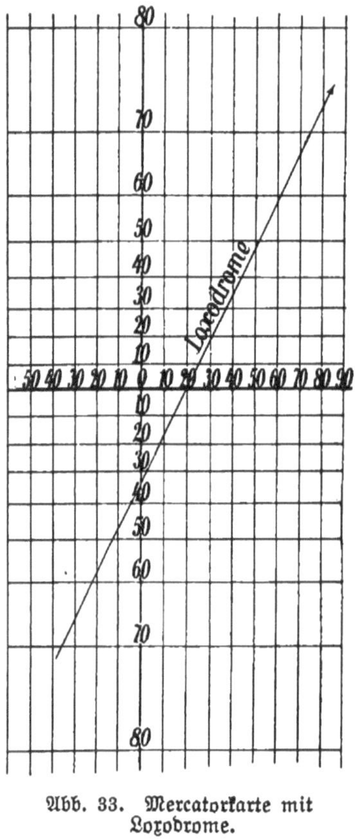

Abb. 33. Mercatorkarte mit Loxodrome.

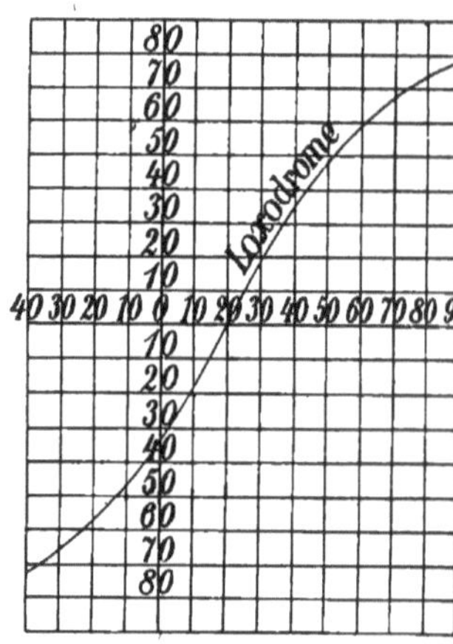

Abb. 34. Plattkarte mit Loxodrome.

Breiten bezeichnet. Sie ist schwierig zu berechnen, und nur der Analyse des Unendlichen ist die restlose Lösung des Mercatorkartenproblems vorbehalten. Berechnete Tafeln erleichtern wesentlich ihre Anwendung. Man hat auch verschiedene einfache graphische Konstruktionen der Mercatorkarte aufgestellt, so Fr. Diercke.

Die Mercatorprojektion ist der ausgezeichnetste Vertreter der echten winkeltreuen Zylinderprojektionen. Unter den Kegelprojektionen befindet sich keine winkeltreue Projektion, wohl aber unter den Azimutalprojektionen. Auf Grundlage der Formel $\varrho = 2 \ \mathrm{tg}\ \alpha/2$ (S. 50) besitzen wir eine polständige winkeltreue Azimutalprojektion (s. Abb. 20, S. 48). Bei dieser Projektion sind die Meridiane gerade Linien (Strahlen), die sich im Polpunkt schneiden, und die Parallele sind Kreise, die nach außen hin nicht bloß ihren Abstand vom Pol ständig vergrößern, sondern auch ihren Umfang. Wo der Polstand der Projektion verlassen wird, erscheinen alle Netzlinien in Kreisen, wie bei der äquatorständigen und zwischenständigen winkeltreuen Azimutalprojektion: Nicht allein auf die Kreistreue der Meridiane und Parallelen kommt es an, sondern auch darauf, daß diese sich senkrecht schneiden.

Für Halbkugelbilder wurde die äquatorständige winkeltreue Azimutalprojektion fast ausnahmslos drei Jahrhunderte benutzt, auch jetzt noch, wenn auch — und das mit Recht! — weniger häufig; denn am Rande sind z. B. die Zehngradfelder etwa 6 mal größer als in der Kartenmitte (Abb. 35)[1]. Erst 1613 wurde sie stereographisch genannt, und zwar infolge des Nachweises, daß ein so kleines Dreieck auf der Karte, dessen Seiten als gerade Linie angesehen werden können („stereographisch"), als Abbild dem Urbilde ähnlich wird.

d. Mittabstandstreue Netze. Die mittabstandstreuen Karten sind eine Abänderung der längentreuen Karten. Vollständig längentreue Karten, d. h. Kartenbilder, bei denen jede gerade Linie und jede Kurve auf der Erdkugel entsprechend verkleinert erscheinen, gibt es im allgemeinen und im mathematischen Sinne nicht. Es sei denn, daß Karten

[1] Vgl. M. Eckerts Beurteilung der geologischen Weltkarte in Z. der Naturwissenschaften 1923, S. 792—795.

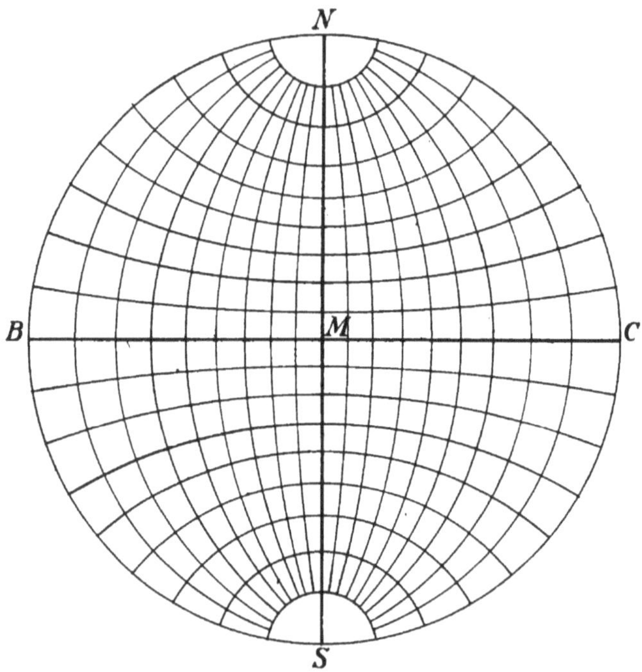

Abb. 35. Halbkugel in stereographischer Projektion.

ganz großen Maßstabes, sog. Plankarten oder Pläne, der Forderung nach Längentreue nachkommen. Eine Einschränkung dieser allgemeinen Längentreue findet sich bei den mittabstandstreuen oder speichentreuen Karten, bei denen nur von einem Punkte aus, ganz gleich, wo er auf der Erdoberfläche liegt, Linien ausstrahlen, die in der Länge denen der Erde entsprechen, mithin Hauptkreise sind.

Der einfachste Fall liegt beim polständigen Entwurf vor, denn vom Pole aus fallen sämtliche Gesichtslinien mit den Meridianen zusammen. Kompaßrichtungen oder Azimute bestimmen nicht mehr die Richtungsverschiedenheiten, sie werden durch die Winkel vertreten, unter denen sich die Meridiane im Pole schneiden, es sind die Längenunterschiede.

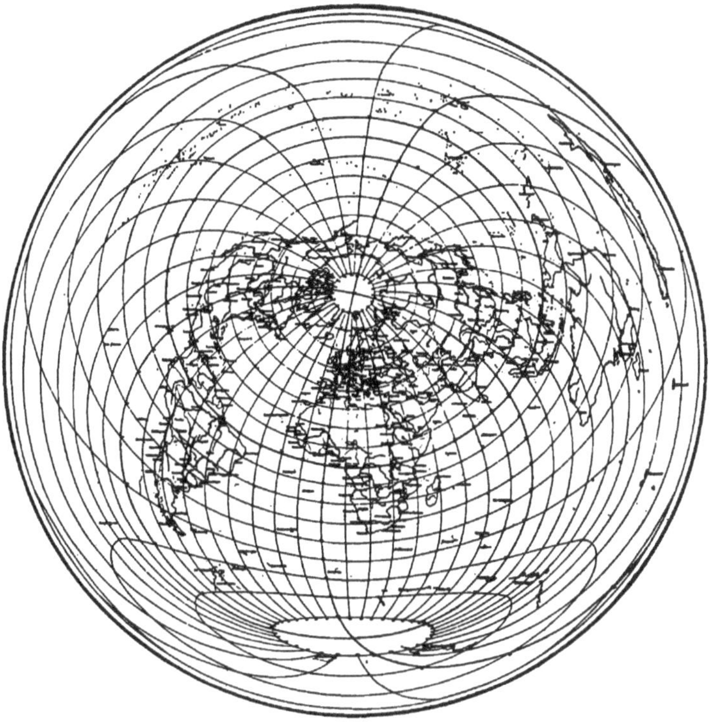

Abb. 36. Mittabstandstreue Projektion der gesamten Erde.

Bleiben die Entfernungen vom Pole aus auch die gleichen, so dehnen sich jedoch die Flächen immer mehr aus, je weiter sie vom Polpunkte entfernt sind; mithin werden alle Längen, die nicht auf den Leitstrahlen liegen, ganz erheblich vergrößert und verzerrt. Wird eine mittabstandstreue Projektion bis zum Gegenpol durchkonstruiert, dann dehnt sich dieser zur doppelten Länge des Äquators aus, der ohnehin schon gegenüber dem wirklichen Verhältnis vergrößert erscheint (s. Abb. 36).

Will man von irgendeinem Orte aus auf der Erde ein speichentreues Netz konstruieren, hat man diesen Ort als Polpunkt zu betrachten und macht ihn zum Konstruktionsmittelpunkt eines Kartennetzes, das ganz dem des wahren polständigen Entwurfs entspricht. Nicht ganz leicht ist die Konstruktion dieser Netze. Deshalb treten sie auch nur selten auf. Zum ersten Male ist das speichentreue Netz für die ganze Erde vom Polpunkte Berlin aus 1909 von Eckert konstruiert worden (Abb. 36)[1]. Ein gleiches Netz mit dem Polpunkt Schenectady im Staate New York haben Deetz und Adams entworfen[2].

Die mittabstandstreue Karte verdient auf Wirtschafts- und Verkehrskarten eine weitestgehende Berücksichtigung. Deetz und Adams haben ihr Erdnetz gezeichnet für den Gebrauch der Radio-Ingenieure der General Electric Co., um Transmissions-Proben darzustellen. Eckert gebrauchte das Netz zur Darstellung von Isochronen, d. h. von Linien gleicher Reisedauer, deren Größe außer durch den Maßstab der Karte durch einen bestimmten Zeitabschnitt von einem bestimmten Mittelpunkt aus festgelegt ist. Neben dem Personentransport ist der Gütertransport ebenso wichtig, isochronistisch dargestellt zu werden. Ebenso anziehend ist die kartographische Fixierung der Linien gleicher Reisekosten, gleicher Frachtsätze zu Lande und zu Wasser. So gibt das gesamte Verkehrswesen eine Menge Anregungen zu allerhand neuen isochronistischen und verwandten Darstellungen auf Grund des mittabstandstreuen Entwurfs.

4. Die Entwürfe der amtlichen Kartenwerke.

a. Grundzüge der Entwürfe für amtliche Kartenwerke.

Bei den amtlichen Kartenwerken spricht der Geodät, denn er hat es mit deren Aufnahmen zunächst zu tun, von „Abbildung" und nicht von „Projektion", da es sich dabei um rein konstruktive Aufgaben handelt. So liegen in der Tat den amtlichen

[1]) M. Eckert: Eine Isochronenkarte der Erde. Pet. Mitt. 1909. — Wirtschaftsatlas der Deutschen Kolonien. 1912.

[2]) Ch. H. Deetz u. O. S. Adams: Elements of map projection. 4. Aufl. Washington 1934.

Karten keine Projektionen im üblichen Sinne zugrunde. Lediglich die Bonnesche Projektion macht eine Ausnahme davon (S. 57). Bei den Kartenentwürfen, die wir bisher behandelten, setzten wir die Kugelgestalt der Erde bzw. das entsprechende Globusbild voraus; bei den amtlichen Karten dagegen handelt es sich um die großmaßstäbigsten Karten, die die Verzerrungen soviel wie möglich auszuschalten sich bestreben und das abgebildete Teilstück der Erdoberfläche im allgemeinen als gleichwertig dem Urbild gegenüber ansehen. Infolgedessen kann die Erde der topographischen Karte keine reine Kugel mehr sein, da diese nicht die wahre Erdgestalt repräsentiert. Die Größen des Rotationsellipsoides sind für sie maßgebend. Diese Gestalt verändert Kreisgrößen und davon abhängig die Flächen der Erde.

Packen wir die Erdmasse in eine Kugel, zeigt diese einen mittleren Radius von 6370 km. Seit 1873 haben die amtlichen Kartenwerke die Grundwerte des Ellipsoides von Bessel angenommen. Schon 1841 hatte sie Bessel festgelegt:

$$\begin{aligned} &{}^1/_2 \text{ Äquatorialachse } a = 6\,377397 \text{ m} \\ &{}^1/_2 \text{ Polarachse } b = 6\,356079 \text{ m} \end{aligned}$$

$$\text{Abplattung } \frac{a-b}{a} = 1:299{,}153$$

Die Abweichungen der Grundwerte (Linienwerte) nach Bessel von denen der Kugel mit dem Radius von 6370 km sind folgende:

Grundwerte	Erdellipsoid	Erdkugel
Äquator	40070 km	40024 km
Meridiankreis	40003	40024
Meridianquadrant	10001 „	10006 „
Erdoberfläche	510 Mill. qkm	510 Mill. qkm

Parallelkreise in km:

Breite	Ellipsoid	Kugel	Unterschied	Breite	Ellipsoid	Kugel	Unterschied
0°	111,3	111,2	—0,1	50°	71,7	71,5	—0,2
10°	109,6	109,5	—0,1	60°	55,8	55,6	—0,2
20°	104,6	104,5	—0,1	70°	38,2	38,0	—0,2
30°	96,5	96,3	—0,2	80°	19,4	19,3	—0,1
40°	85,4	85,2	—0,2	90°	—	—	—

Merklicher sind die Abweichungen bei den Flächenwerten:
Eingradfelder in qkm:

Breite	Ellipsoid	Kugel	Unterschied	Breite	Ellipsoid	Kugel	Unterschied
0°— 1°	12 306	12 360	+ 54	50°—51°	7890	7862	—28
10°—11°	12 106	12 153	+ 47	60°—61°	6122	6086	—36
20°—21°	11 546	11 576	+ 30	70°—71°	4157	4126	—31
30°—31°	10 640	10 650	+ 10	80°—81°	2058	2040	—18
40°—41°	9 411	9 399	— 12				

Da sich z. B. das Großdeutsche Reich zwischen 46° und 56° n. Br. ausdehnt, liegt es innerhalb der Zone des Erdellipsoids, wo der größere Unterschied zwischen Kugel und Ellipsoid zugunsten des letztern ausgeschlagen ist, wo mithin der Flächeninhalt von Gradabteilungskarten größer ist als der von Gradabteilungskarten der entsprechenden Kugel.

Offizielle Karten stützen sich nur selten auf Projektionen, wie wir sie im Teil 3 kennengelernt haben. Eine gewisse Rolle hat die oben bereits genannte Bonnesche Projektion, eine unechte Kegelprojektion, gespielt, insofern sie das Netzgerüst bei den älteren französischen Karten in 1:80000, 1:40000 und 1:20000 bildete, ferner bei den amtlichen Kartenwerken der Schweiz, Belgiens, der Niederlande, Schottlands und Irlands. Carl Vogels „Karte des Deutschen Reichs" in 1:500000 ist gleichfalls in der Bonneschen Projektion entworfen. Die neuen französischen Kartenwerke neigen mehr zu den

Amtl. Kartenwerke	Umfaßt in Länge	Umfaßt in Breite	Enthält Meßtischblätter
1 : 25000	10′	6′	1
1 : 50000	20′	12′	4
1 : 100000	30′	15′	6+3/2
1 : 200000	1°	30′	30
1 : 300000[1]	2°	1°	120
1 : 800000	4°	4°	960
1 : 1000000	6°	4°	1440

[1] Abb. 37 ist die Hälfte einer Karte 1 : 300000

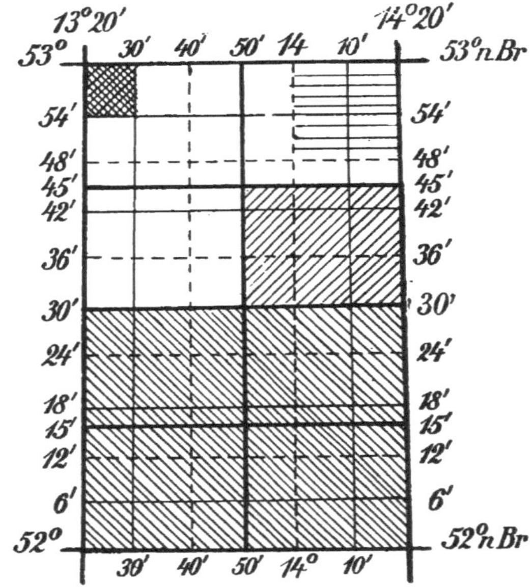

Abb. 37. Das Eingradfeld und seine kartographische Unterteilung.

deutschen Richtlinien hinüber, die in den Gaußschen Koordinaten gegeben sind.

Wollte man die Blätter der Bonneschen Projektion einigermaßen in ein handliches rechteckiges Format bringen, müßte man bei der Blättereinteilung die geographischen Koordinaten verlassen. Abweichend davon haben die Staaten, die nicht die Bonnesche Projektion gebraucht haben, gerade die Blattabgrenzung durch geographische Koordinaten bevorzugt, was wiederum besondere Netzkonstruktionen bedingt. Wird nun eine Karte von zwei Meridianen und zwei Breitenparallelen oder von Bruchteilen dieser Linien umrahmt, spricht man von einer Gradabteilungskarte, wodurch jedoch, was nachdrücklich betont sei, keine besondere Projektion oder vielmehr Abbildungsart gekennzeichnet wird, wie es noch die folgende Darlegung erhellt.

b. Die Gradabteilungskarten der amtlichen deutschen Karten und ihr Entwurf[1]. Fast alle offiziellen Karten des Deutschen Reichs sind Gradabteilungskarten, sind aber verschieden im Aufbau, in der Abbildungsart. Keine Gradabteilungskarte ist die topographische deutsche Grundkarte, von uns topometrische Grundkarte genannt, in 1 : 5000; sie ist nach den glatten Werten von 2000 : 2000 m des Gitternetzes eingeteilt (S. 81). Die andern Karten in den Maßstäben 1 : 25000, 1 : 50000, 1 : 100000, 1 : 200000, 1 : 300000 und 1 : 800000 sind Gradabteilungskarten. Unter ihnen bilden die ersten drei, das Meßtischblatt oder die 4 cm-Karte, die Deutsche Karte 1 : 50000

[1] In Zukunft werden die Grundkartenwerke 1 : 5000 und 1 : 25000 durch die vom Reichsministerium eingerichteten 16 Hauptvermessungsabteilungen hergestellt und auf dem Laufenden gehalten. Die Standorte dieser 16 Abteilungen sind folgende:

H. V. A. 1	Königsberg	H. V. A. 9	Münster
„ 2	Breslau	10	Köln
„ 3	Dresden	11	Wiesbaden
„ 4	Potsdam	12	Stuttgart
„ 5	Stettin	13	München
„ 6	Hamburg	14	Wien
„ 7	Hannover	15	Danzig
„ 8	Magdeburg	„ 16	Posen

oder die 2 cm-Karte und die Karte des Deutschen Reichs oder die 1 cm-Karte eine Gruppe für sich, wie auch die letzten 3 Karten: die Topographische Übersichtskarte des Deutschen Reichs oder die $^1/_2$ cm-Karte, die Übersichtskarte von Mitteleuropa oder die $^1/_3$ cm-Karte und die Übersichtskarte von Europa mit Einschluß von Vorderasien oder die $^1/_8$ cm-Karte. Die erste Gruppe befolgt die Polyeder-Projektion, die zweite Gruppe ist nach den Prinzipien der Kegelprojektion aufgebaut.

In der Polyeder-Projektion sind zunächst die Meßtischblätter 1 : 25000 oder die 4 cm-Karte erschienen. Sie sind in Preußen und den andern deutschen Ländern mit Ausnahme des rechtsrheinischen Bayern Gradabteilungskarten. Jedes Blatt ist in den vier Ecken des Blattrapezes genau richtig. Um die Blätter, die zu einem abzubildenden Landgebiet gehören, genau aneinander zu passen, bedarf man der Oberfläche eines Polyeders, hergeleitet von einer Kugel, deren Radius 25000 mal kleiner als der der Erdkugel ist. Man spricht darum von Polyederprojektion oder, weil in Preußen die diesbezüglichen Vermessungsergebnisse zum ersten Male streng ausgebildet und verwertet wurden, von der preußischen Polyederprojektion. Das Wesen dieser Projektion besteht darin, jedes Kartenblatt für die Konstruktion in dem betreffenden Maßstabe als ein selbständiges Ganzes, als eine Einheit zu behandeln, also für sich ganz allein auf der Ebene abzubilden. In ihrer Zusammenfügung bilden sie eben das Polyeder auf einem Ellipsoid, das der Verjüngung des betreffenden Maßstabes entspricht. Wir wissen ferner, daß die Abbildung eines Teils des Ellipsoides auf eine Ebene theoretisch nur nach den Bedingungen der Ähnlichkeit in den kleinsten Teilen zwischen Original und Bild geschehen kann. Somit ist die Projektion im Grunde weiter nichts anderes als die kongruente Übertragung der Punkte der Erde auf das ebene Kartenbild.

Der Konstruktion gemäß bildet jede Netzmasche (Polyederfläche) ein Trapez. Am Äquator ist das Trapez nahezu quadratisch, in der Mitte Deutschlands nimmt es eine Form an, deren Höhe rund ein Drittel mehr als die Breite beträgt. Weil es jedoch im allgemeinen nicht üblich ist, Karten in Hochformat zu zeichnen, wird es erforderlich, mit einem Breitengrad zwei oder mehrere Längengrade in Beziehung zu setzen. Auf diese Weise wird ein handliches Kartenformat erzielt. Da für den Meßtisch die quadratische Form (57×57 cm) die geeignetste ist, hat man sie zum Meßtischblatt in Beziehung gebracht und umgekehrt. In dem Maßstabe 1 : 25000 beträgt die Durchschnittsgröße der preußischen Meßtischblätter rd. 126 qkm, das Areal der nördlichsten Blätter rd. 116 qkm, das der Blätter an der Südgrenze Deutschlands nicht ganz 140 qkm.

Ein Trapez in 1 : 25000 wird von 2 geraden Meridianen (entsprechend der Kegelprojektion) und zwei leicht gekrümmten Breitenparallelen begrenzt. In der Karte selbst erscheinen letztere als gerade Linien. Das Meßtischblatt oder die Vierzentimeterkarte ist der 60. Teil einer Gradabteilung, also des Areals, das von zwei aufeinanderfolgenden Längen- und Breitenkreisen umschlossen wird. Der Breite nach wird die Gradabteilung in 10 Streifen oder „Banden", jede von 6′ Breite, unterteilt, der Länge nach in 6 Kolumnen oder Säulen, jede von 10′ Länge. Das ergibt für die gesamte Gradabteilung 60 Meßtischblätter. Demnach ist jedes einzelne Meßtischblatt ein sphärisches Trapez von 10′ geographischer Länge und 6′ geographischer Breite.

1875 wurde in Preußen eine Neuaufnahme der Meßtischblätter beschlossen, sie sollte 3642 Blätter umfassen, von denen seinerzeit Originalstichsteine der elsaß-lothringischen Meßtischblätter auf Grund des Vertrags von Versailles an Frankreich abgegeben werden mußten.

Als Unterlagen für Heimatkarten im Schulunterricht, für Luftbildpläne, für sonstige Planungs- und industrielle Zwecke werden Vergrößerungen von Meßtischblättern in 1 : 10000 hergestellt.

Die Karten 1 : 50000, 1 : 100000 und 1 : 300000 (zum größten Teil) sind genau so wie die Karte 1 : 25000 in der Polyederprojektion konstruiert. Auch hier wird jedes Blatt bei der Projektion als eine Einheit betrachtet. Die Deutsche Karte 1:50000 oder die Zweizentimeterkarte ist eine Gradabteilungskarte in 1:50000, deren Blätter von Parallelkreisen von 12′ und Meridianen von 20′ begrenzt sind. Jedes Blatt umfaßt demnach 4 Meßtischblätter und jede Gradabteilung (Eingradfeld) 15 Blätter der Zweizentimeterkarte. Bis jetzt sind nur wenige Blätter dieses Kartenwerkes erschienen.

Die Karte des Deutschen Reichs 1:100000 oder die Einzentimeterkarte wird gewöhnlich auch „Generalstabskarte" genannt. Jedes Blatt umfaßt in der geographischen Breite 15′ und in der Länge 30′ Folglich zerfällt eine Gradabteilung in 8 Blätter 1:100000, oder in jedem der acht Blätter stecken $7^1/_2$ Meßtischblätter (3 in der Breite mal $2^1/_2$ in der Höhe). Flächeninhaltlich machen sich die Unterschiede zwischen Nord- und Südflächen bedeutend bemerklicher als auf den Meßtischblättern. Das Areal der nördlichsten Blätter beträgt je 870,9 qkm und das der südlichsten 1048,2 qkm.

Die Einzentimeterkarte ist das erste abgeschlossene und einheitliche Kartenwerk des Deutschen Reichs. Während die Höhendarstellung auf den vorhergenannten in Höhenlinien gegeben ist, zeigt die Einzentimeterkarte das Gelände in Schraffen. Die Bergstrichskala (S. 108) wurde bei den bayrischen Hochgebirgsblättern bis auf 60° erweitert. Versuche haben bereits gezeigt, daß bei Eindruck von Höhenlinien die Karte an Brauchbarkeit ganz bedeutend gewinnt. Beliebt sind die Einheits- oder Großblätter, worunter man Zusammendrucke von meist vier Einzelblättern versteht. Außer diesen Einheitsblättern werden noch Sonderkarten herausgegeben. Sie verfolgen bestimmte Zwecke, wie uns die Umgebungskarten größerer Städte, die Kreiskarten und Wanderkarten bekunden.

An der Spitze der zweiten Gruppe der öffentlichen Karten des Deutschen Reichs, also der Karten, die die Aufbauprinzipien der Kegelprojektion befolgen, steht die Topographische

Übersichtskarte des Deutschen Reichs oder die Einhalbzentimeterkarte. Sie setzt in gewissem Sinne die Projektionsidee der alten Reymannschen Karte (die „Topographische Spezialkarte von Mitteleuropa") fort, die auf einer vereinfachten Kegelprojektion in normaler Lage mit dem Berührungsparallel in 50° n. Br. beruht (Abb. 31, S. 58). Sie ist indessen keine Gradabteilungskarte wie die neue $1/_2$ cm-Karte. Diese ist eine Schnittkegelprojektion nach Delisle (de l'Isle), bei der die Kegelfläche des Erdellipsoides im 50° und 53° n. Br. geschnitten wird (Abb. 38). Beide Parallelen werden abweitungstreu abgebildet. Sie bilden wie die andern Parallelen konzentrische Kreise. Auf der Karte selbst werden die Kreisbögen der Parallelen durch Sehnen ersetzt. Der dadurch entstehende Fehler ist außerordentlich gering; denn der Unterschied der Länge zwischen Kreisbogen und Sehne eines Grades beträgt in der Natur etwa 1 m, auf der Karte dagegen 6/10 mm.

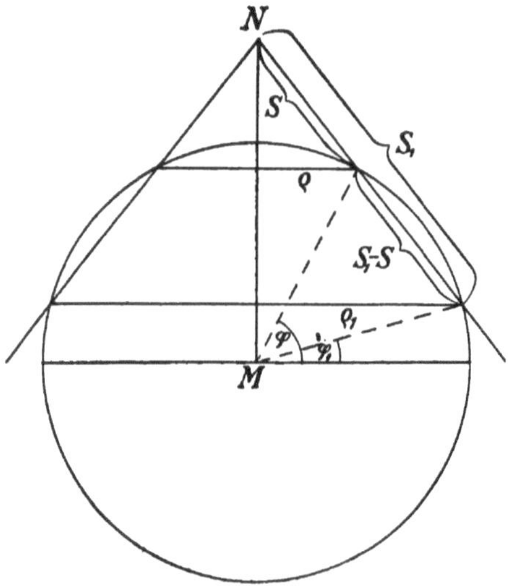

Abb. 38. Konstruktionsbild der Delisleschen Schnittkegelprojektion (Entwurf mit durchstoßendem Kegel).

Die Meridiane selbst sind gestreckte Linien. Infolge der Schnittkegelprojektion verengen sich polwärts die Meridiane nicht in dem Maße wie auf der vereinfachten Kegelprojektion; so beträgt der Winkel zwischen dem Mittelmeridian eines Blattes und dem Randmeridian 0° 23′ 28″, 5. Diese Projektion hat wie die andern Kegelprojektionen den Vorzug, daß die einzelnen Blätter lückenlos aneinandergereiht werden können.

Als Gradabteilungskarte schließt sich die Einhalbzentimeterkarte an die 1 cm-Karte (1 : 100000) an, insofern stets 4 Blätter der 1 cm-Karte 1 Blatt der $^1/_2$ cm-Karte aufbauen. Diese schöne und geographisch wichtige Höhenlinienkarte liegt mit Ausnahme weniger ostpreußischer Blätter fertig vor.

Zwischen die $^1/_2$ cm- und $^1/_3$ cm-Karte schiebt sich die „Höhenschichtenkarte von Bayern“ 1 : 250000 (die $^2/_5$ cm- oder 4 mm-Karte) ein; sie ist gleichfalls eine Gradabteilungskarte.

Die Übersichtskarte von Mitteleuropa oder die Eindrittelzentimeterkarte ist nördlich von 50° n. Br. und östlich von 10° 20/ ö. Gr. in winkeltreuer Kegelprojektion entworfen. Etwa 210 Blätter sind veranschlagt. Die Eindrittelzentimeterkarte ist wie die $^1/_2$ cm-Karte auf der 1 cm-Karte aufgebaut. Jedes Blatt umfaßt 1° in der Breite und 2° in der Länge oder 4 Blätter in 1 : 200000 bzw. 16 Blätter in 1 : 100000 (s. Abb. 37). Das Gelände ist z. T. in Schummerung, z. T. in Schraffendarstellung wiedergegeben.

Zur Zeit wird eine Straßenverwaltungskarte nach den Unterlagen des Generalinspektors für das Deutsche Straßenwesen bearbeitet. Eine großere Anzahl von Blättern ist bereits fertiggestellt worden.

Die Reichsautokarte 1 : 300000 soll nach dem Kriege neu berichtigt werden.

Außerdem erscheinen viele Gau-, Provinz- und Sonderkarten, die durch Zusammendrucken der Blätter der Übersichtskarte von Mitteleuropa entstanden sind.

In derselben Projektion wie die Einhalbzentimeterkarte ist die Einachtelzentimeterkarte oder die Übersichtskarte von Europa und Vorderasien entworfen. Diese Karte in 1 : 800000 war zunächst als Operationskarte im Bereiche von 46° bis 58° n. Br. gedacht. Mit der Erweiterung des Kampfschauplatzes des Weltkrieges über ganz Europa bis nach Vorderasien wuchs auch das Ausmaß der Karte. Man legte jetzt vier

Schnittkegelrümpfe von je 9° zugrunde. Jedes Blatt umfaßt 4° in der Breite und 4° in der Länge oder 8 Blätter in 1 : 300000, 32 Blätter in 1 : 200000 oder 128 Blätter in 1 : 100000. Die Blätter des Deutschen Reichsgebiets sind nach dem Kriege einer nochmaligen Bearbeitung unterzogen worden. Seit 1922 wird die Karte nicht weiter bearbeitet. Im ganzen sind 80 Blätter erschienen. Gegenüber den andern offiziellen Karten ist die vorliegende Karte die einzige im Hochformat. Die Höhe beträgt durchgängig 70 cm, und die Breite schwankt je nach der Nordsüdlage der Blätter zwischen 42 cm und 60 cm.

c. Die Gradabteilungskarten des Auslandes und Verwandte der Polyederprojektion. Das System der Gradabteilungskarte, wie es uns in der preußischen Polyederprojektion entgegentritt, die von W. Jordan für offizielle Karten seiner Zeit das „Ei des Kolumbus" genannt worden ist, erkennt man heute nachwirkend bei den meisten neuen kartographischen Unternehmungen der verschiedenen in- und ausländischen Landesaufnahmen.

Das ehem. Österreich[1]) hatte sich seinerzeit entschlossen, die Spezialkarte 1 : 75000 nach preußischem Muster herauszugeben. Ein Gradkartenblatt ist ein gradlinig begrenztes Trapez von 15' Breiten- und 30 Längenminuten. Es besteht aus 4 „Aufnahmesektionen" Heute wird die Karte durch die in 1 : 50000 ersetzt (s. u.). Bei der österreichischen Gradabteilungskarte 1 : 200000 sind die einzelnen Karten von Grad zu Grad begrenzt. Jetzt beginnen die neuen Österreichischen Staatskarten in 1 : 25000 und 1 : 50000 zu erscheinen[2]). Die Projektionsgrundlagen der Spezialkarte, also die Polyederprojektion, sind bei den

---

[1]) Das ehemalige Militärgeographische Institut in Wien ist jetzt Hauptvermessungsabteilung XIV geworden.

[2]) Vgl. H. Slanar: Die neuen Österreichischen Staatskarten 1 : 25 000 und 1 : 50 000, Z. d. Ges. f. Erdk. 1933. F. Mühlberger: Die Entwicklg. der österreichisch. Staats-Kartographie. Mitt. des Reichsamts f. Landsaufnahme 1929/30, S. 193—213.

neuen Staatskarten unverändert beibehalten worden. Die Geländedarstellung wird gegenüber den alten Karten in Höhenlinien ausgeführt.

Die Staaten, die aus Österreich-Ungarns Zertrümmerung Land gewonnen hatten, waren daran interessiert, das von Österreich ererbte Kartenmaterial weiter zu pflegen und auszubauen. In Rumpfungarn setzt das rege „Kgl. Ungarische Kartographische Institut" die Tätigkeit des liquidierten „K. u. K. Militärgeographischen Instituts in Wien" fort; und zwar handelt es sich um die Gradabteilungskarten 1:25000, 1:75000 und 1:200000, während die Karte in 1:750000 in Bonnescher Projektion keine Gradabteilungskarte ist.

Die ehemalige Republik Polen hatte ihr Gradkartenmaterial von Deutschland und dem ehemal. Österreich geerbt. Das ehem. „Militärgeographische Institut in Warschau" gab sich die größte Mühe, die Gradabteilungskarten in 1 : 20000, 1 : 100000 und 1 : 300000 auf dem laufenden zu halten; ging aber auch selbst rüstig ans Werk und schuf durchaus neue Karten, wovon die ausgezeichnete Tatra-Karte in 1 ; 20000 ein glänzendes Zeugnis gibt.

In Italien bildet ebenfalls das Gradkartenblatt die Grundlage der Einteilung. Auf der „Carta topografica del Regno" in 1:100000 sehen wir einen geographischen Breitenunterschied von 20′ und einen Längenunterschied von 30′ Jedes Blatt enthält auf den Feldaufnahmen für die Konstruktion der topographischen Karte 4 Blätter der Aufnahmen in 1:50000 und 16 Blätter der Aufnahmen in 1:25000.

Vor dem Weltkriege hatte die russische Militäraufnahme das preußische Gradkartensystem durchgeführt, ganz gleich, ob auf der „Spezialkarte des europäischen Rußlands" in 1:420000 oder auf der „Militär-Marschrouten-Karte des europäischen Rußlands" in 1:1050000, auf der Karte „des asiatischen Rußlands" in 1:4200000 oder auf der „Karte des Grenzgebiets des asiatischen Rußlands" in 1:1680000 u. a. K. m. Das durch den Krieg in unsere Hände gelangte Kartenmaterial der Autonomen Republiken, Länder und Gebiete der U. d. S. S. R. erstreckt sich über militärische und Verwaltungskarten aller Art. Durch die drei Fünfjahrespläne hat offenbar die Geodäsie und Kartenherstellung in der U. d. S. S. R. einen großen Aufschwung genommen. Es sind Karten in allen möglichen Maßstäben hergestellt worden, die sich im Metermaßstab (nicht mehr in Saschen) den Karten Deutschlands in den Maßstäben 1 : 100000, 1 : 300000, 1 : 500000, 1 : 1000000 und 1 : 20000000 anschließen.

Gegenüber dem Großdeutschen Reich, das im Maßstab 1 : 1000000 7 Blätter zu bearbeiten hatte, hat die U. d. S. S. R. 200 Blätter herzustellen.

Andere Staaten mit Gradabteilungskarten sind Frankreich, Spanien und Norwegen. Letzterer Staat hat im neuen Jahrhundert angefangen, seine Topographische Karte 1 : 100 000 als Gradabteilungskarte umzuarbeiten und herauszugeben. Spanien hat sein gesamtes offizielles Kartenmaterial in das Gradkartensystem eingespannt. Frankreich ist erst in neuerer Zeit an die Gradabteilung herangetreten. Den Anfang dazu macht die vom Ministerium des Innern herausgegebene Karte 1:100000 (seit 1910). Auf der neuen Karte 1:50000 wird die Gradabteilung in neuer Teilung[1]) gebracht. — Schließlich sei noch der ausgezeichneten als Gradabteilungskarten erscheinenden Höhenlinienkarten des „Topographic Atlas of United States" gedacht in 1:250000, 1:125000 und kleineren Maßstäben, die der Geological Survey in Washington herausgibt. Natürlich ist Japans neue topographische Karte in 1:25000 eine Gradabteilungskarte.

Überblicken wir die Karten der großmaßstäbigen amtlichen Kartenwerke, kann man sich den Aufbau verschieden denken, ohne daß sich bei den einzelnen Kartenblättern irgendein Unter-

[1]) Neue Teilung 100 Teile, alte Teilung 60 Teile = 60′ für 1°.

schied bemerkbar macht. Für die auf jeder Zone der auf gleicher Breite befindlichen Kartenblätter (Trapeze der Polyederprojektion) nimmt man eine Kegelprojektion an, deren Mantel den Mittelparallel der Zone berührt. Dieser und die Breitenkreise werden längentreu (abweitungstreu) abgebildet. Die Breitendifferenzen entsprechen genau denen, wie wir sie auf dem Ellipsoid finden. Dadurch erhält man für jede Projektionszone einen anderen Grundkegel. Die Spitzen dieser Grundkegel liegen in der verlängerten Erdachse. Der Abwicklungsvorgang hat zu dem Namen polykonische Projektion geführt.

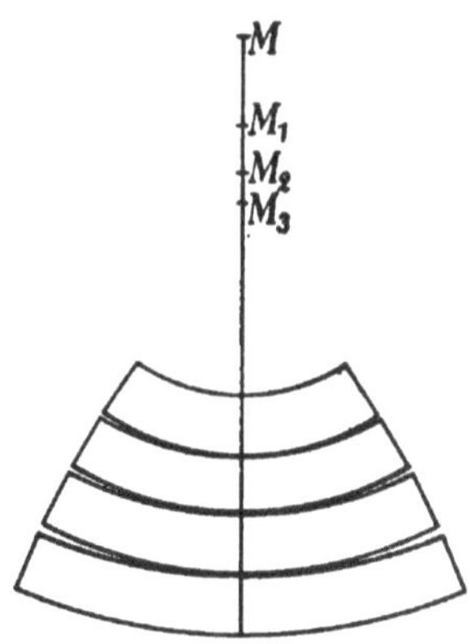

Abb. 39. Die klaffenden Zonen der polygonen Konstruktion.

Bisher sind praktisch nur zwei polykonische Abbildungen verwendet worden, nämlich die polykonische Projektion des Coast Survey Office der Vereinigten Staaten von Amerika und die rechtschnittige polykonische Projektion des englischen War Office. Die zweite, die englische, ist bei sonst gleichem Aufbauprinzip nur eine Abänderung der ersten, der amerikanischen, und dient der Darstellung größerer Erdoberflächenteile. Bei der amerikanischen Abbildung schneiden die Meridiane, je mehr vom Mittelmeridian entfernt, die Parallelen nicht mehr rechtwinklig (orthogonal). Um dies zu ermöglichen, haben die Engländer nur den Äquator längen- bzw. abweitungstreu abgebildet, durch die betreffenden Teilpunkte Kurven gelegt, die alle Breitenkreise rechtwinklig schneiden. Die Folge ist der Verzicht auf die Abweitungstreue der Parallelen. — Bei Lichte besehen, ist der polykonische Entwurf nichts anderes als eine Art Polyederprojektion.

Aus dem Wesen der polykonischen oder besser der polyedrischen Projektion ist es erklärlich, daß sich nur Karten innerhalb derselben Zone fehlerlos zusammenfügen lassen, höchstens noch im Sinne der Mittelmeridianrichtung. Die Ränder zweier benachbarter Zonen fallen bei der Abbildung auf die Ebene nicht mit einem Kreis zusammen, sondern auf zwei Kreise mit verschiedenen Mittelpunkten. Die dadurch entstehenden Zwischenräume werden mit der Entfernung vom Mittelmeridian immer größer. Man sagt: Die Zonen klaffen (Abb. 39). Indessen sind die Nachteile, daß mehrere Blätter ohne Klaffe nicht vereinigt werden können, verschwindend gegenüber den Differenzen, die bei dem Reproduktionsvorgang des Kartenblattes entstehen. 4—9 Blätter können ganz gut miteinander verbunden werden (unter Umständen noch viel mehr).

Schließlich sei noch der Internationalen Weltkarte in 1:1000000 gedacht, der man eine sog. modifizierte polykonische Projektion angedichtet hat, eben weil bei ihrer Geburt keine rechten Netzkartensachverständige zugegen waren. Nachdem man aber einmal mit der Abbildung angefangen hatte, die mathematisch weder flächen- noch winkel- noch längentreu ist, hatte man sich 1928 gegen jede Änderung der Projektion ausgesprochen. Schon die Wahl der Grundwerte nach dem Bezugssphäroid von Clarke war befremdend, da schon seit längerer Zeit die besseren Werte von Helmert bekannt waren (Abplattung $= \frac{1}{298{,}3}$). Nach Clarke ist

$$\text{große Halbachse } a = 6\,378\,249{,}2 \text{ m}$$
$$\text{kleine Halbachse } b = 6\,356\,515{,}0 \text{ m}$$

$$\text{Abplattung} = \frac{a-b}{a} = \frac{1}{293{,}466}$$

Wohl ist die Karte eine Gradabteilungskarte, in der Regel bilden 4 Breitengrade mit 6 Längen ein Kartenblatt.

Die Meridiane der Projektion sind gradlinig, selbstredend auch der Mittelmeridian, der etwas verkürzt ist, da die um 2° von ihm abstehenden Meridiane die der Natur entsprechende Längentreue besitzen. So beträgt z. B. die Verkürzung zwischen 52° und 56° n. Br. 0,094 mm, zwschen 48° und 52° n. Br. 0,112 mm. Durch die Abstände der Parallelkreisschnittpunkte auf dem Mittelmeridian legt man Kreisbögen mit dem Radius R ctg φ, wobei R der Querkrümmungshalbmesser ist. Die Mittelpunkte der Kreisbögen selbst befinden sich auf der polwärts gerichteten Verlängerung des Mittelmeridians. Die Parallelkreise am Nord- und Südrand der Karte werden abweitungstreu abgeteilt und durch die so gefundenen Punkte die entsprechenden geradlinigen Meridiane gezogen. 4 Blätter der Karte lassen sich immer lückenlos zusammenfügen.

Ist auch bei der Grundierung der Internationalen Weltkarte manches versehen worden, hat sie immerhin auch einige Vorzüge [1]). Schon der Besitz einer Weltkarte in ein und demselben Maßstabe, in der gleichen Blatteinteilung, in dem einheitlichen Nullmeridian, in dem einheitlichen Alphabet (Lateinschrift!) muß als ein Fortschritt in der Kartographie empfunden werden, vor allem auch in einer Abbildung in Metermaße, weshalb die Karte als Einzehntelzentimeterkarte oder bequemer als Einmillimeter(1 mm-)karte zu bezeichnen ist (s. S. 21).

d. Das Gitternetz. Die meisten Blätter der deutschen amtlichen Karten in 1 : 25000 bis 1 : 300000 sind bereits mit einem Quadratnetz bedeckt, das meistens nicht ganz nordsüdlich liegt. Die Seiten der Netzmaschen sind 4 cm lang auf der 4 cm-Karte, desgleichen auf der 2 cm-Karte, wo 4 cm = 2 km sind, ferner sind sie 5 cm lang auf der 1 cm-Karte (5 cm = 5 km), desgleichen auf der $^1/_2$-cm-Karte (5 cm = 10 km). Lediglich auf

[1]) H. H. F. Meyer: Die Internationale Weltkarte 1 : 1 000 000 u. ihr heutiger Stand. Mitt. des Reichsamts f. Landesaufnahme 1931/32, Nr. 1. — Vgl. auch A. Lomnicki: Sur la choix de la projection pour la carte du monde au millionième. Warszawa 1928.

der $^1/_3$ cm-Karte ist das Maschennetz enger, wo jede Seite 3,33 cm lang ist, was in der Natur der Länge von 10 km entspricht. Da auf dieser Karte das Gitternetz erst nach Vollendung des Kartenwerks eingetragen worden ist, hat es nicht den Vollwert eines Koordinatennetzes wie bei den andern, sondern ist lediglich als „Meldenetz" zu benutzen.

Die Gitternetze bedeckten zum ersten Male die Karten während des Weltkrieges, wo sie Meldezwecken und der Artillerie dienten. Nach dem Kriege haben fast alle Staaten das Gitternetz auf ihren topographischen Karten eingeführt. Dem Gitternetz liegt ein Koordinatensystem zugrunde, das zweierlei Aufgaben zu erfüllen hat, einmal die verschiedenen Koordinatensysteme des preußischen Katasters zu ersetzen und sodann eine schnelle Ortung und sichere Ortsbestimmung zu ermöglichen. Interessiert die erste Aufgabe mehr den Geodäten, so die zweite mehr den Geographen, ganz abgesehen vom Militär.

Das Reichsamt für Landesaufnahme zu Berlin hält es jetzt für seine vornehmste Aufgabe, die Gaußschen Koordinaten in der von L. Krüger gegebenen Form, darum auch Gauß-Krügersche Koordinaten oder Gauß-Krügerschen Meridianstreifen genannt, so schnell wie möglich einzuführen. Die Gauß-Krügersche Projektion, wie man auch sagt, haben gleichfalls Österreich und Finnland übernommen.

Die Gauß-Krügerschen Koordinaten gehen zurück auf die Gaußsche Projektion, nach der das Erdellipsoid direkt in der Ebene abgebildet wird. Das ist schließlich nichts anderes wie eine Verallgemeinerung der querachsigen Mercatorprojektion der Kugel für das Ellipsoid, wobei die Achse des Zylinders in der Äquatorachse liegt. Der Mittelmeridian eines jeden Streifens oder der Hauptmeridian wird längentreu abgebildet. Damit die Winkeltreue bewahrt bleibt, werden die auf dem Mittelmeridian senkrecht verlaufenden Großkreisbögen um einen bestimmten Betrag vergrößert.

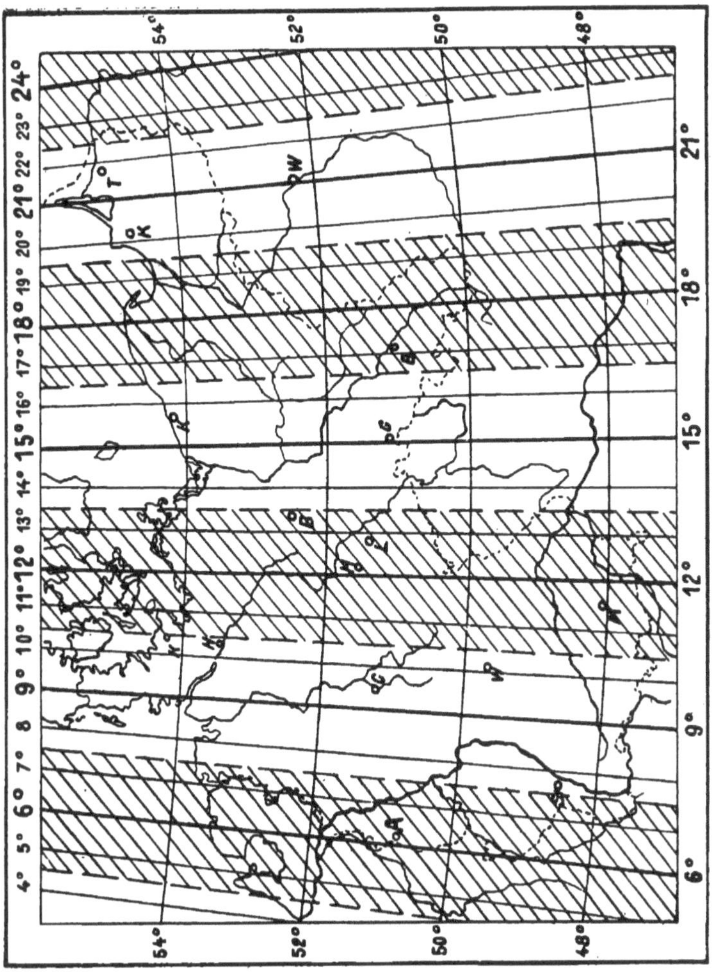

Abb. 40 Die Gauß-Krügerschen Koordinaten für das Deutsche Reich.

In der winkeltreuen Übertragung der Meridianstreifen vom Ellipsoid auf die Ebene besteht das Wesen der Gauß-Krügerschen Meridianstreifen. Können die Streifen in nordsüdlicher Richtung nach Bedarf ohne Zunahme der Verzerrung ausgedehnt werden, ist ihre Ausdehnung in westöstlicher Richtung beschränkt. Über drei Längengrade wird da nicht hinauskonstruiert. Von dem Hauptmeridian, also dem mittleren Meridian, eines jeden Meridianstreifens geht man $1^1/_2{}^0$ nach Osten und $1^1/_2{}^0$ nach Westen. Zudem erhält jeder Meridianstreifen seinen eigenen Nullpunkt, und zwar auf der Breite 52° 42′ 2″,5325, die einer Kugelbreite von 52° 40′ entspricht. (Der Hochwert dieses Nullpunktes, s. unten, ist 5 840 711,80 m. 3 Längengrade messen in dieser Höhe 203 km.)

Für Deutschland wird die Projektion in schmalen 3° breiten Meridianstreifen angewandt, d. h. von 3 zu 3 Längengraden wird ein neuer Zylinder eingesetzt, damit die seitlichen Verzerrungen einer größeren Ausdehnung als ± 1° 30′ vom jeweiligen Mittelmeridian (Berührungmeridian) nicht in Erscheinung treten. Die Mittel- bzw. Hauptmeridiane für die sieben 3° breiten Zylinderflächen (s. Abb. 40) sind in Rücksicht auf das Großdeutsche Reich 3°, 6°, 9°, 12°, 15°, 18°, 21° und 24° ö. Gr. Mithin sind Grade gewählt, deren Ziffern durch 3 teilbar sind.

Die Ordinaten des Gitters sind gleichabständig am Mittelmeridian (Mercatorprojektion!), in Wirklichkeit neigen sich die Ordinaten des geographischen Netzes, die Meridiane, gegeneinander, um schließlich im Polpunkt zu verschwinden. Je weiter die Ordinaten vom Hauptmeridian abrücken, um so stärker ist die Abweichung von Geographisch-Nord und Gitter-Nord.

Diesen Unterschied bezeichnet man als Meridiankonvergenz. Des weitern geht hieraus hervor, daß die winkeltreue Gauß-Krügersche Projektion Verzerrungen aufweist, die seitwärts vom Berührungsgroßkreis rasch zunehmen. Deshalb hat man schon den Meridianstreifen nicht breiter als 3° angenommen. Dies war auch notwendig, als man daran ging, die Gauß-Krügersche Projektion in die Polyeder-Projektion der amtlichen Kartenwerke überzuführen.

Die Abszissen werden von Äquator ab gezählt und haben immer positives Vorzeichen (+). Es sind dies die Hochwerte oder kurzweg „Hoch". Ein Ort auf dem Hauptmeridian (Mittelmeridian) hat den Hochwert, der gefunden wird aus der Meridianlänge vom Äquator bis zur geographischen Breite des betreffenden Ortes. Aus dem Werke „Das Reichsamt für Landesaufnahme und seine Kartenwerke" (1931) entnehmen wir die Länge der Meridianbögen bis zu den verschiedenen für Deutschland in Frage kommenden Breiten:

Geographische Breite	Hochwert auf dem Mittelmeridian
56°	6 207 918,678 m
55°	6 096 598,930
54°	5 985 297,539
53°	5 874 014,722
52°	5 762 750,674
51°	5 651 505,654
50°	5 540 279,542
49°	5 429 072,731
48°	5 317 885,232
47°	5 206 717,123 „

Da Großdeutschland sich vom 46° n. Br. bis zum 56° n. Br. ausdehnt, liegt es innerhalb der Hochwerte von 5100 und 6200 km.

Um die Beigabe der Vorzeichen + und — zu erübrigen, hat man den Ordinaten eine Ziffer von 500 km = + 500000 m beigefügt. Mithin bleibt alles bei Plus-Werten. Alles enthält positive Werte, weshalb die Vorzeichen weggelassen werden können. Die Ordinatenwerte werden als Rechtswerte bezeichnet, kurzweg „Rechts". Bei den für Großdeutschland geltenden 9 Meridianstreifen müssen sich die Rechtswerte neunmal wiederholen. Um keine Irrungen aufkommen zu lassen, erhält jeder Meridianstreifen noch eine Kennziffer, gewonnen aus der Grundzahl der Meridianstreifen 3, 6, 9 usw., dividiert durch 3. Mithin hat das Deutsche Reich die Kennziffern 1, 2, 3, 4, 5, 6, 7, 8 u. 9; mithin haben die Mittelmeridiane mit Berücksichtigung der Konstante und der Kennziffer folgende Zahlenwerte:

3^0 = 1 500 000 m	15^0 = 5 500 000 m	
6^0 = 2 500 000 m	18^0 = 6 500 000 m	
9^0 = 3 500 000 m	21^0 = 7 500 000 m	
12^0 = 4 500 000 m	24^0 = 8 500 000 m	u. s. w.

Die Ziffer 500 000 verändert sich je nach ihrer Lage rechts oder links vom Mittelmeridian des Streifens; nach rechts wird sie größer und nach links kleiner, um an der linken Gitternetzgrenze schließlich auf 406 000 (rd. 410, s. Abb. 41 im N und auf 386000 (rd. 390) im S zu sinken und an der rechten auf 594 000 im N und 614 000 im S anzusteigen. Also dehnt sich vom Mittelmeridian aus sowohl östlich wie westlich das Gitternetz im N um 94 000 m und im S um 114 000 m aus, was einen Unterschied von 20 000 m ergibt. Auf dem Meßtischblatt sind 20 km = 80 cm, was nahezu das doppelte Meßtischblatt ist. Diesem Übelstand begegnet man durch Sprungstellen von je 10 km nach rechts, und zwar bei Hoch 5700 km (51^0 26′ n. Br.) und 6200 km (55^0 56′ n. Br.). Der erste Sprungwert, der uns auf allen 9 Meridianstreifen begegnet, ist für die deutschen amtlichen Kartenwerke ebenso bedeutungsvoll wie charakteristisch.

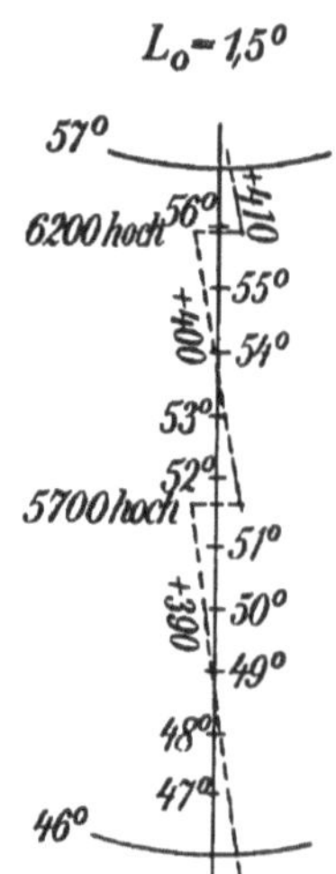

Abb. 41. Sprungstellen des Gitternetzes.

Um die Karte mit Gitternetz richtig zu orientieren, hat man den magnetischen Richtungswinkel (die Nadelabweichung oder die magnetische Konvergenz) zu beachten. Darunter versteht man den Winkel zwischen der fehlerfreien, durch Eisen, elektrischen Strom (Gleichstrom) usw. nicht beeinflußten Richtung der Magnetnadel und den allgemein nach N weisenden Gitterlinien. Um Mißverständnissen zu begegnen, wird zwischen drei festen Anfangs- oder Nullrich-

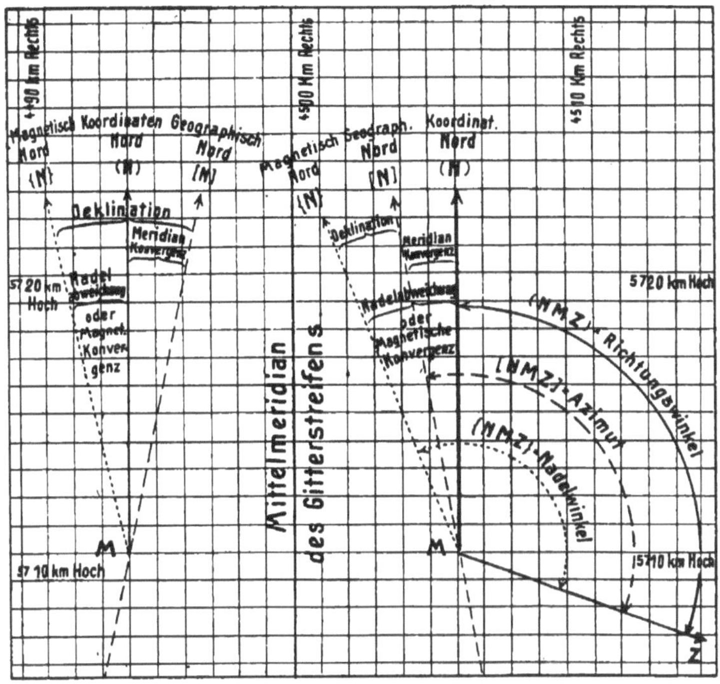

Abb. 42. Magnetisch-, Geographisch- und Koordinaten-Nord.

tungen unterschieden, nämlich zwischen Geographisch-, Koordinaten- und Magnetisch-Nord (Abb. 42).

Das Gitternetz hat viele Vorteile. Abgesehen von der Winkeltreue ist das quadratische Kilometernetz stets rechteckig und in allen Breitenzonen bleibt es in seinen Maßverhältnissen immer gleich, weshalb man Entfernungen sehr gut schätzen kann. Für kartometrische Arbeiten ist das Gitternetz außerordentlich geeignet. Insonderheit hat es den Vorzug, eine eindeutige Lagebezeichnung zu geben. Ein Hilfsmittel dazu ist der Planzeiger (Koordinatenmesser oder kurz am besten Lagezeiger). Jede topographische Karte, soweit sie schon mit dem

Karte des Deutschen Reiches (1cm-Karte)

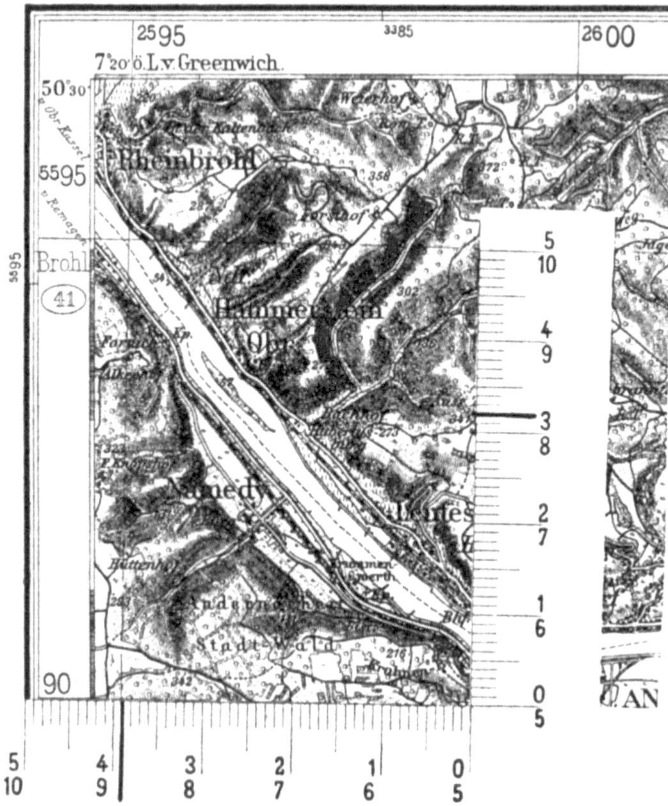

Planzeiger 1:100000

Abb. 43. Lage- oder Planzeiger.

Die waagerechte Teilung so an eine waagerechte Gitterlinie legen, daß die senkrechte Teilung den zu bezeichnenden Kartenpunkt berührt, dann an der waagerechten Teilung bei der nächsten senkrechten Gitterlinie den y-(Rechts-)Wert und an der senkrechten Teilung den x-(Hoch-)Wert ablesen.

Beispiel: Punkt P (Aussichtsturm) liegt:

rechts 95 + 3,9 = 98,9; hoch 90 + 3,2 = 93,2

entspricht den Koordinaten in km

rechts (y) = *2598,9 hoch (x) = 5593,2

oder in m:

rechts = *2598900 hoch = 5593200

* Kennziffer des Meridianstreifens.

Die Seitenlängen der Quadrate des Gitters betragen 5 km.

Gitternetz ausgerüstet ist, trägt den Lagezeiger beigedruckt, der auch besonders auf Zellhorn gedruckt zu beziehen ist. Mit Hilfe dieses Winkelzeigers wird der gewünschte Punkt in der Innenecke eines rechtwinkligen Hakens gezeigt. Jeder Maßstab erfordert einen besonderen Lagezeiger (Abb. 43). Zugleich kann man bei jedem Maßstab auch auf den Genauigkeitswert schließen, der mit Hilfe des Lagezeigers möglich ist. Genaue Ablesungen rechnet man bis zur Zirkelspitzgröße oder 0,2 mm.

1. Auf der Karte 1 : 25000 (Netzmaschenseite = 1 km) ist 1 mm = 25 m und 0,2 mm = 5 m, Genauigkeit bis auf 5 m.

2. Auf der Karte 1 : 50000 (Netzmaschenweite = 2 km) ist 1 mm = 50 m und 0,2 mm = 10 m, Genauigkeit bis auf 10 m.

3. Auf der Karte 1 : 100 000 (Netzmaschenweite = 5 km) ist 1 mm = 100 m und 0,2 mm = 20 m, Genauigkeit bis auf 20 m.

4. Auf der Karte 1 : 200000 (Netzmaschenweite = 10 km) ist 1 mm = 200 m und 0,2 mm = 40 m, Genauigkeit bis auf 40 m.

5. Auf der Karte 1 : 300000 (Netzmaschenweite = 10 km) ist 1 mm = 300 m und 0,2 mm = 60 m, Genauigkeit bis auf 60 m. (Vgl. Gitternetz = Meldenetz zur $^{1}/_{3}$ cm-Karte auf S. 82).

5. Das Situations- und Grundrißbild der Karte.

a. Küste, Fluß und Grenze. Neben dem Gradnetz bürgen die Küstenumrisse und Flußlinien für die Güte eines Kartenwerkes. Die Küstenlinie richtig zu zeichnen, ist nicht leicht, zumal die Küste amphibischer Natur ist, und ein breiterer oder schmälerer Landsaum bald Wasser, bald Land ist. Die eigentliche Küstenlinie beginnt da, wo das Wasser aufhört, regelmäßig über das Land zu fluten. Hier setzt die Zeichnung der Küstenlinie ein.

Außer der Richtigkeit der Küstenlinienführung interessiert die Frage, welche Darstellungsmittel man gebraucht, um das feste Land, „Continens“, vom Wasser zu scheiden. Am einfachsten geschieht dies, wenn die Küstenlinie stärker hervorgehoben wird. Die verschiedene Färbung von Wasser und Land bringt die Küstenlinie gut zum Ausdruck. Zumeist werden das Meer und die Binnenseen mit einem hellen Blau kenntlich gemacht. Die braunen Töne sind dem Land eigen. Wird kein Farbton angewendet, wird die Küste vielfach durch eine vom Land her ins Meer vordringende, waagerechte und zarte Schraffur gekennzeichnet oder auch durch sich nach der Küste zu verdichtende schwarze oder blaue Linien, die parallel zur Küste verlaufen.

Das zweite Element im Bunde der Situation — wenn wir von dem Gradnetz absehen — ist der Flußlauf. Ein falscher Flußlauf zieht eine Reihe von Fehlern nach sich, so verschobene Ortslagen, verschobene Entfernungen, verschobene Geländeteile, verschobene Straßenzüge u. a. m. Von der Richtigkeit der Flußzeichnung ist die Richtigkeit der Gesamtsituation abhängig. Die Aufnahmen in der Natur können nicht sorgfältig genug hergestellt werden.

Bei den deutschen Aufnahmen ist es üblich, Bäche und Gräben bis zu einer Breite von etwa 2 m noch in Linien zu zeichnen. Wasserläufe, die man ohne weiteres überspringen kann, werden durch einfache Linien dargestellt. Auf Schul- und Wandkarten werden bei der Darstellung der Flüsse fast durchgängig einfache Linienzüge verwandt.

Eine Flußkarte gut zu zeichnen, ist keine leichte Arbeit. Denken wir hierbei an Hand- und Wandkarten, insonderheit an diese. Gewissenhaft wird hier gezeigt, daß der Fluß von der Quelle bis zur Mündung immer breiter gezeichnet wird, gemäß der Erfahrung, daß die Wasserfülle von der Quelle bis zur Mündung fast ausnahmslos zunimmt. Aber trotzdem wäre hier und da der Flußlauf nicht ganz so schematisch zu behandeln. Wenn z. B. im Ungarischen Tiefland der 1000 m breite Donaulauf im Eisernen Tore bei Orsova auf 170 m eingeengt wird, um nach der Überwindung dieses Hindernisses bald gegen 1500 m und breiter zu werden, muß diese Erscheinung selbst auf Wandkarten zum Ausdruck kommen.

Eine Linie im Situationsbild, das dritte Element, ist die Grenze. In der Natur selbst ist sie als Linie ebensowenig sichtbar wie Meridian und Breitenparallel. Indessen ist sie nicht ganz so ideell wie das Gradnetz und gewinnt schon etwas Körperhaftes, insofern ihr Verlauf in der Natur durch Steine markiert wird (Grenzsteine!). Auf der Karte selbst erscheint sie als ein bestimmter und charakteristisch zusammengesetzter Linienzug. Punkte und Striche sind in zahlreichen Zusammenstellungen und Varianten zur Grenzbezeichnung von amtlichen und privaten Kartenstellen ausgebildet worden. Auf den amtlichen Karten des Deutschen Reichs unterscheidet man Reichs- oder Landesgrenze, Provinz- oder Regierungsbezirksgrenze, Kreis- und Gemeindegrenze (vgl. Abb. 44, die den „Kartenzeichen" entnommen ist, die das Reichsamt für Landesaufnahme besonders herausgegeben hat).

b. Straßennetz und Ortschaften. Das Wegenetz ist heute ein wichtiger Bestandteil der Situation des Kartenblattes. Darum erscheint es allgemeinhin bereits auf der Schwarzdruckplatte des Lageplans.

Die Römer, die dem Straßenbau in ihrem großen Reiche ganz besondere Beachtung schenkten, sind auch die ersten, die uns in der sog. Peutingerschen Tafel ein Straßenbild überliefert haben. Sie ist von Castorius in der zweiten Hälfte des vierten Jahrhunderts angefertigt worden. Auf ihr sind die Orte — jeder Linienknick bedeutet eine Ortslage — durch

Grenzen, Eisenbahnen, Straßen und Wege.

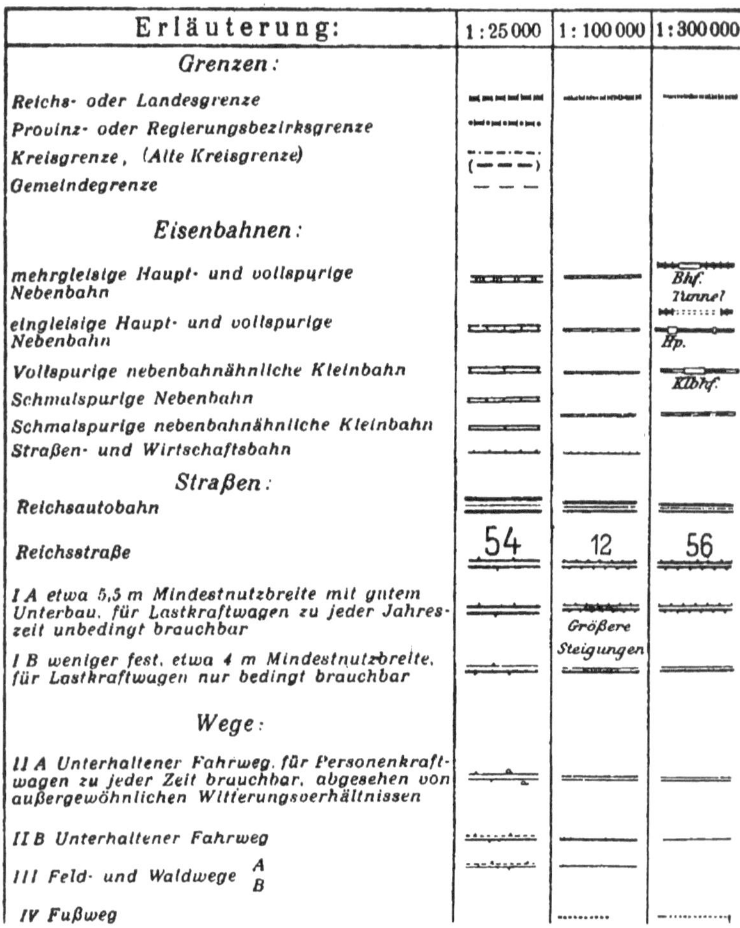

Abb. 44. Grenzen, Eisenbahnen, Straßen und Wege.

gerade Linien verbunden (Abb. 45). Erst um 1500 treffen wir wieder auf bestimmte Wegekarten. Der Nürnberger

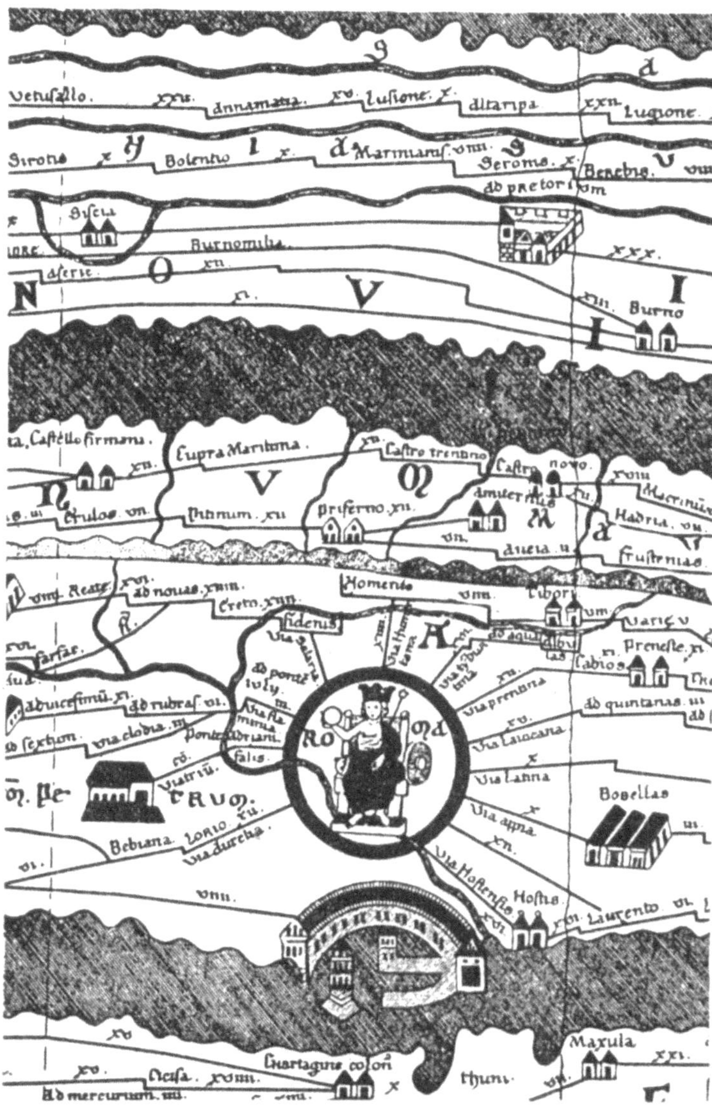

Abb. 45. Ausschnitt aus der Peutingerschen Tafel.

Etzlaub drückte auf seinen „Rom-Wegkarten“ durch punktierte Linien, wobei von Punkt zu Punkt je eine geographische Meile angedeutet wurde, die Wege aus, die von Deutschland nach Rom führten.

Bevor die Karte das Straßenbild aufnahm, mußten die Straßen erst gebaut sein. Da der weit übers Land geführte Straßenbau vorwiegend eine staatliche Angelegenheit ist, nahmen die einzelnen Staaten seit dem 18. Jahrhundert auch die Wegebezeichnung und die Weiter- und Durchbildung der Wegeklassifikation in die Hand.

Mustergültig ist die Art und Weise, wie das Reichsamt für Landesaufnahme Straßen und Wege auf ihren Karten darstellt (Abb. 44), insonderheit auf der 4 cm-Karte [1]). Sie unterscheidet I. Straßen[2]); II. unterhaltene Fahrwege; III. Feld- und Waldwege; IV. Fußwege. Diese vier Straßen- bzw. Wegearten zerfallen je in A- und B-Gruppen. Gruppe A der ersten Art, also der Straßen schlechthin (I.), sind Straßen von etwa 5,5 m Mindestnutzbreite; Gruppe B von etwa 4—5,5 m. Bei den Fahrwegen (II.) legt man das Gewicht darauf, ob sie für einzelne Kraftwagen zu jeder Jahreszeit brauchbar sind oder nicht, und unterscheidet gleichfalls Gruppe A und B. Die III. Art bilden die Feld- und Waldwege. Dienen sie feld- und waldwirtschaftlichen Zwecken, sind sie durch ihre Breite, Güte oder ihren Zweck sich auszeichnende Wege, die für die Aufnahme in die Karte 1 : 100000 wichtig sind, werden sie als Gruppe A betrachtet, andernfalls als Gruppe B. Durch die IV. Art werden die Fußwege gekennzeichnet. Für Reiter und Fußgänger werden jederzeit die Reit- und Saumwege und die sog. Touristenwege, Jägersteige und Pirschwege in Forsten und im Gebirge, sowie die meisten Fußwege benutzbar sein. Gruppe A macht die Fußwege bemerkbar, die auch für den

---

[1]) Vgl. Musterblatt für die topograph. u. kartograph. Arbeiten im Maßstab : 25 000. Berlin 1931.

[2]) s. auch Seite 75 Straßenverwaltungskarte 1 : 300000.

Reiter brauchbar sind, Gruppe B die nicht für den Reiter brauchbar sind.

Die Arten I, II und III gebrauchen bei ihrer Darstellung eine Doppellinie, I A und B und II A mit einem Lichtenraum von 0,5 mm auf dem Meßtischblatt; während der Lichtenraum von I durch zwei kräftige Linien umsäumt wird, ist bei I B nur die eine Linie kräftig ausgezogen und die andere dünn. Zwei dünne Linien kennzeichnen II A. Bei II B ist der Lichtenraum 0,3 mm und eine (die rechte) der beiden Einfassungslinien gestrichelt, während die andere eine kräftige Linie ist. Ist diese Linie dagegen dünn, haben wir Gruppe A von Art III, und sind beide Linien fein gestrichelt, alsdann Gruppe B von Art III. Die Fußwege, IV, erscheinen nur in einfacher, in gerissener Linie, und zwar beträgt bei der Gruppe A die Linie aus 0,6 mm langen Gliedern und der Gliederabstand selbst 0,2 mm. Bei Gruppe B sehen wir eine Linie mit 0,6 mm langen Gliedern, die abwechselnd aus einem Strich und zwei Punkten bestehen und 0,2 mm Abstand voneinander aufweisen.

Das Obige beweist, mit welcher Genauigkeit man dem Straßen- und Wegenetz zu Leibe geht, aber auch, welche Bedeutung man den Straßen beimißt. Letzteres wird ferner dadurch bezeugt, daß die Straßen verhältnismäßig breiter auf dem Kartenbild erscheinen als sie in Wirklichkeit sind. Hat die Straße, Gruppe A, einen Lichtenraum von 0,5 mm und eine Umsäumung von 2 starken Linien, nimmt sie einen Kartenraum von 0,9 mm ein. Das bedeutet eine Straße von 22,5 m Breite, wie sie höchst selten vorkommt, als Chausseebreite gar nicht.

Neuerdings hat man die Fernverkehrsstraßen mit den vom Reichsverkehrsministerium festgesetzten Nummern dieser Straßen versehen, die auch im Kartenbild wiederkehren. Auch an die Entfernungsangaben ist gedacht worden, insofern man die Baumpflanzungen an den Seiten der Straßen und Wege durch starke Punkte hervorhebt, die abwechselnd an die Außenseiten der Wege mit 4 mm-Entfernung = 100 m gezeichnet werden. Die Straßenverwaltungskarte, die im Maßstab 1 : 300000 nach Unterlagen des Generalinspektors für das Deutsche Straßenwesen bearbeitet wird, unterscheidet die Straßen durch folgende Farbüberdrucke.

Reichsautobahn fertig, starke rote Linie,
im Bau, rote Doppellinie,
„ geplant, gestrichelte Doppellinie.
Reichsstraßen, blaue starke Linie.
Landstraßen I. O. grüne, etwas schwächere Linie,
II. O. orangefarbene Linie in der Stärke der Linien für die Straßen I. O.

Im vergangenen Jahrhundert wurden die Wegelinien der Karte durch einen ganz neuartigen Weg bereichert, durch die Eisenbahn. Auf der 4 cm- und 1 cm-Karte wird die Doppellinie gleichfalls für die Eisenbahn angewendet, und durch die charakteristische Wiedergabe von einfachen und Doppelschwellen innerhalb der breiteren bzw. schmäleren Doppellinie werden eingleisige und zweigleisige Voll- bzw. Schmalspurbahnen unterschieden. Auf sämtlichen topographischen Karten werden die Straßenbahnen durch einfache Linien mit angesetzten Punkten oder Strichelchen bezeichnet. Auf der 1 cm-Karte tritt uns die Doppellinie mit der bekannten Schwarzweißfüllung entgegen, eine sinngemäße Signatur, die auf vielen und vielerlei Karten des In- und Auslands wiederholt wird. Auf der $^1/_2$ cm- und $^1/_3$ cm-Karte gilt die einfache starke schwarze Linie den eingleisigen Bahnen, die mit feinen Strichen (Schwellen) gequerte Linie den zwei- und mehrgleisigen Bahnen.

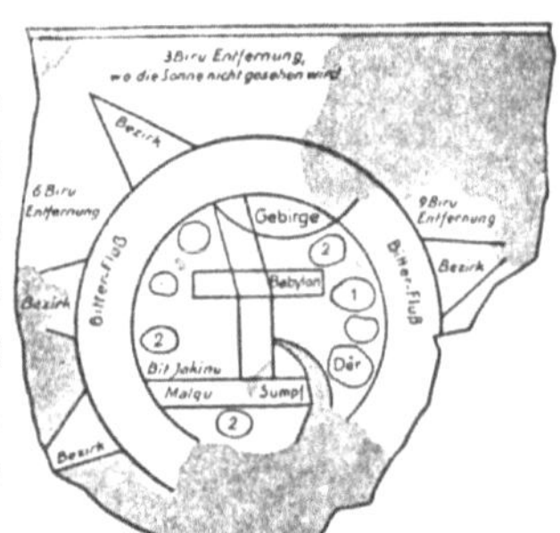

Abb. 46. Der älteste große Stadtplan (Babylon).

Das Straßennetz hat den Zweck, den Verkehr zu fördern,

der von Ort zu Ort hin- und herflutet. So sind die **Ortschaften** ein weiteres wichtiges Element im Situationsbild der Karte. Der kartographische Niederschlag einer Ortschaft im großen Maßstabe, der noch die Eigenart der Anlage erkennen läßt, nennen wir im allgemeinen **Stadtplan**. Wir besitzen solche schon aus den ältesten Zeiten, wie von Babylon (Abb. 46), Rom, Jerusalem.

Die 4 cm-, die 1 cm- und $^1/_2$ cm-Karten des Deutschen Reichs bringen als Ortszeichen durchweg den **Plan**, wenn auch bei den letzten beiden Maßstäben stark generalisiert, d. h. vereinfacht. Dagegen wendet die $^1/_3$ cm-Karte in ausgiebigster Weise den **Ortskreis** für die vielen kleinen Siedlungen an. Der **Kreis** oder der **Ring** ist das bequemste **Symbol** für Wohnstätten. Darum hat es auch Eingang in die Schul- und Wandkarten gefunden. Je nachdem es als einfaches kleines Ringel oder als größerer oder als zweifacher, dreifacher usw. Ring gezeichnet wird, drückt man mit dieser Ortssignatur die verschiedenen Einwohnerzahlen aus, z. B. 0—5000, —10000, —20000, —50000, —100000 usw.

Die Ortssignatur beherrscht die kleinmaßstäbigen Karten, der **Stadtplan** die großmaßstäbigen. In dem Berührungsgebiet von topographischer und chorographischer Karte mischen sich beide. Die **Ortssignatur** hat den Vorzug, daß sie durch ihre Gestalt die Einwohnerzahl abgerundet ausdrückt und weit weniger Platz auf der Karte als der Ortsplan einnimmt; sie klassifiziert zugleich die Wohnungsstätten. Der **Stadtplan** hat vor allem den Vorteil, daß er über die äußere Gestalt der Siedlungen völlige Klarheit schafft, was für die Ortssignatur ein Ding der Unmöglichkeit ist.

c. Die Kulturfläche auf der Karte. Unter der **Kulturfläche der Erde** versteht man die Erdoberfläche, soweit sie nutzbare Pflanzen, insonderheit Nahrungspflanzen für Menschen und Tiere liefert oder zum Leben von Kulturpflanzen geeignet ist. Weit in nördliche Gebiete hinein trieb der Mensch das Getreidekorn bis die 10° Isotherme des wärmsten Sommermonates ihm ein Halt gebot. Trotzdem ist die Kulturfläche kleiner als die Ökumene. Von der rd. 150 Mill. qkm großen Festlandoberfläche entfällt auf die Kulturfläche nicht ganz die Hälfte und davon auf Acker und Wiesen bzw. Weideland über 30 Mill. qkm. Mehr als die Hälfte (77 Mill. qkm) ist kulturloses Land. Seit dem Altertum hat sich die Kulturfläche vervierfacht, eine staunenswerte Leistung der wirtschaftlichen Menschheit.

Die Kulturstaaten, insonderheit die dicht besiedelten, haben ein lebhaftes Interesse daran, sich über die Verteilung der ihnen zur Verfügung stehenden Kultivationsfläche ein sicheres Bild zu machen. Die Feldvermessung, die schon bei den alten Ägyptern in hoher Blüte stand, tritt auf den Plan und schafft durch großmaßstäbige Karten, die Katasterpläne in Maßstäben 1:2000 bis 1:5000, Klarheit.

Die topographischen Karten sind gleichfalls die Domäne kulturflächlicher Darstellungen, besonders wenn es sich um Sonderkulturen handelt. Auf dem Meßtischblatt, der 4 cm-Karte, bleiben alle Bodenflächen, die der Beackerung unterliegen, frei von irgendwelcher Bezeichnung, ganz gleichgültig, ob die Felder regelmäßig oder nur in größeren Zwischenräumen mit Feldfrüchten bestellt werden. Vgl. Abb. 47 „Die Bodenbewachsung“, entnommen den „Kartenzeichen“, die das Reichsamt für Landesaufnahme veröffentlicht hat.

Wiesen und Weiden werden auf den topographischen Karten fast überall veranschaulicht. Der Topograph bezeichnet als Wiesen solche Bodenflächen, die nicht beackert werden, ganz gleich, ob sie gelegentlich zur Weide benutzt oder regelmäßig zur Heugewinnung gemäht werden. Die 4 cm-Karte unterscheidet durch besondere Signaturen trockene Wiesen von nassen Wiesen. Selbst die 1 cm- und $^1/_2$ cm-Karten unterscheiden noch trockene und nasse Wiesen. Auf diesen Unterschied legen andere Staaten, wie Italien, England, die Schweiz keinen Wert, wohl aber Frankreich, Belgien, Dänemark.

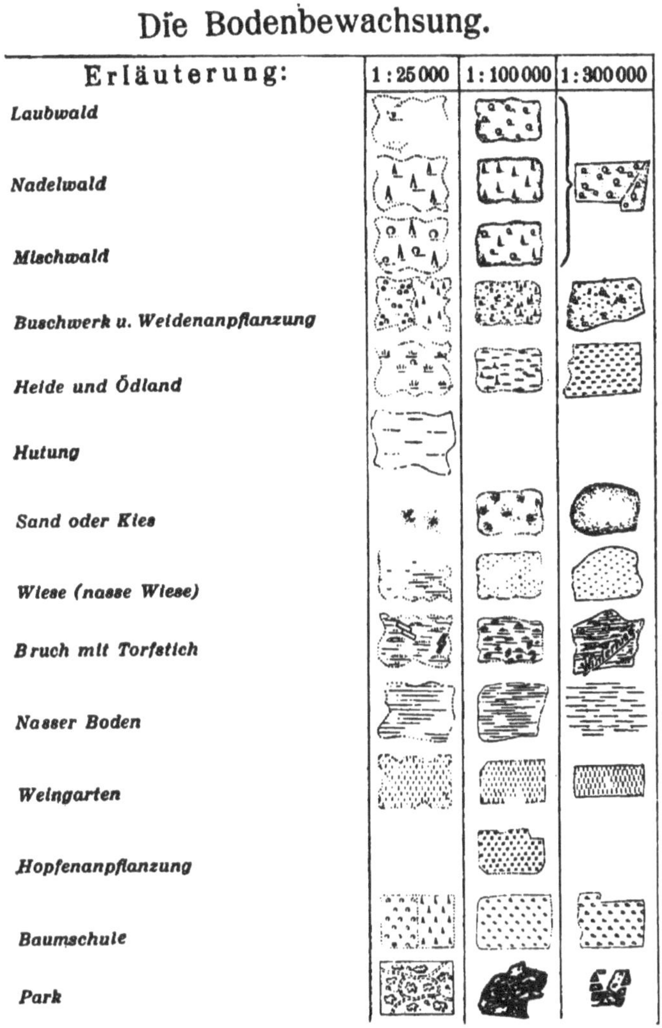

Abb. 47. Die Bodenbewachsung.

Auf guten topographischen Karten erkennt man fast überall, welche Sonderkulturen, durch Boden und Klima bedingt, für ein Gebiet geeignet sind und sich einer besonderen Für sorge der betreffenden Staaten erfreuen. Schließlich ist es ganz richtig, daß lediglich die amtlichen Kartenwerke auf kleine intensiv ausgenutzte Ländereien, die einer besonderen Kultur dienen, Rücksicht nehmen. Ausgenommen sind die Karten kleineren Maßstabes, wie Wirtschaftskarten, die mit der Darstellung von Sonderkulturen einen bestimmten Zweck verfolgen. Die deutschen offiziellen Karten unterscheiden auf der 4 cm-Karte Obst- und Gemüsegärten, Schloß- und Parkanlagen, auf der 1 cm-Karte Baumschule, Weinberg und Hopfengarten, auch Hauberge und Gebüsch, sofern Gartenanlagen darunter zu verstehen sind, auf der 1/2 cm-Karte Wiesen und Hopfenpflanzungen und Parks, auf der 1/3 cm-Karte erscheinen nur noch Weingärten.

Für den Wald haben sich zwei Signaturen zur Bezeichnung von Laub- und Nadelwald weithin eingeführt, einmal der Kreis und sodann die schlanke Pyramide. Auf den deutschen amtlichen Karten sehen wir auf der 4 cm-Karte bis 1/2 cm-Karte kleine, rechts etwas verstärkte, an der unteren Seite nicht geschlossene Kreise, darunter eine waagerechte, nach rechts etwas weiter und schwächer verlaufende Punktierung. Den Nadelwald charakterisieren kleine, spitze, aufrechtstehende, gleichschenklige Winkel, deren rechte Schenkel etwas verstärkt sind; die Punktierung wird wie beim Laubwald gehandhabt. Mischwald wird durch Mischung von Laub- und Nadelwald-Signatur veranschaulicht, gerodete Waldflächen mit dem entsprechenden Waldmuster, wenn ihre erneute Aufforstung bevorsteht oder wenigstens zu erwarten ist. Die 1/2 und 1/3 cm-Karte unterscheiden nicht mehr Laub- und Nadelwald[1])

[1]) Die Waldzeichnung, wie sie auf alten guten Kartenbildern zu sehen ist (vertikale Ansicht der Bäume), ist in neuester Zeit wiederholt worden auf einer „Deutschlandkarte" von R. Koch und Fr. Kredel. Es ist eine Wandkarte in 1 : 880 000. Das Milieu der alten Karten ist gut getroffen, aber weder ist die Waldbedeckung Deutschlands einwandfrei gezeichnet, noch wird Laub- und Nadelwald unterschieden, und von den Gebirgen sieht man sozusagen nichts. In Repräsentationsräumen irgendwelcher Behörden ist die Karte als Wandschmuck unschädlich und wirkt gut, als Lehrmittel ist sie indessen nicht zu verwenden, und es muß geradezu vor ihr gewarnt werden.

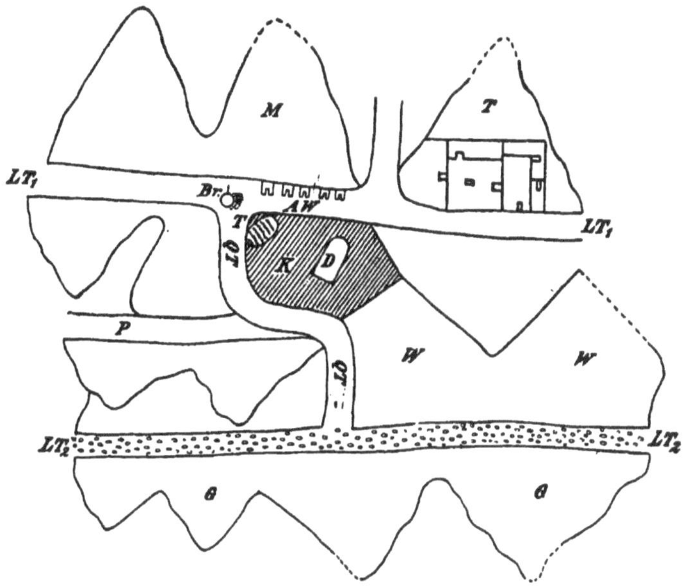

Abb. 48. Nubische Goldminenkarte.

d. Das Gelände. Ohne Gelände ist die Karte keine Landkarte im eigentlichen Sinne. Sie soll das Antlitz der Erde widerspiegeln. Das kann sie nur durch die Wiedergabe der physiognomischen Eigenheiten, die sich außer im Flußgeäder vor allem in den Erhebungen, Talungen und Runzeln der Erdoberfläche aussprechen, die mit der Pflanzendecke des Landes und den auf der Erde wirkenden Menschen der Erde ein charakteristisches Gepräge (Seele der Landschaft!) verleihen.

Das Gelände ist dasjenige Glied der Kartenbestandteile, das darzustellen zu allerletzt befriedigend und einwandfrei gelang. Der dritten Dimension im Kartenbild Herr zu werden, haben Jahrtausende gearbeitet. Schon alte Papyrus zeigen uns Berge, wie die sog. „Nubische Goldminenkarte" (Abb. 48).

Im Mittelalter und in der Nachfolgezeit entsprang aus dem Anschauungsbedürfnis die Zeichnung der Berge in vertikaler

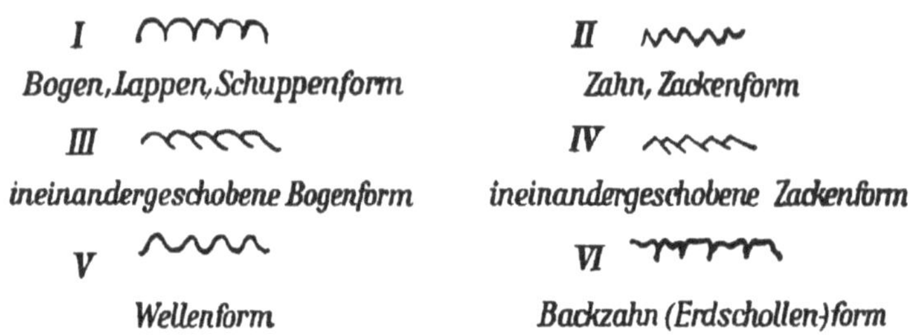

Abb. 49. Bergformen auf mittelalterlichen und späteren Karten.

Ansicht. Dabei verwendete man wohl verschiedene Formen um die Gebirge zu versinnbildlichen, schließlich gehen sie aber alle auf die eine Darstellung, eben die vertikale, zurück (vgl. Abb. 49). Diese Art Bergezeichnung erlischt erst im Anfang des 19. Jahrhunderts. Daß man in dieser Bergzeichnung selbst Bedeutendes leisten konnte, zeigen u. a. die „Bayrischen Landtafeln" in 1:145000 von Phil. Apian, von denen Abb. 50 einen Ausschnitt bringt[1]). Alles Mühen und Streben in der Geländedarstellung ist jedoch erst im 19. Jahrhundert mit Erfolg gekrönt worden.

Die Wiedergabe der in der Natur beobachteten Geländeformen kann sich nur in einer wesentlichen Verkleinerung ausdrücken. Diese Generalisierung ist die schwierigste Arbeit des Kartographen, ist eine Kartenklippe, an der die meisten Kartographen scheitern.

Das Gelände wird am besten durch das Relief oder Hochbild wiedergegeben. Handelt es sich dabei nicht um ausgesprochene Gebirgshochbilder, bei denen eine Überhöhung nicht notwendig ist, leiden doch die meisten an der Überhöhung, insofern die Höhe zur Ausdehnung in einem bestimmten Maßstab steht, z. B. 2:1, 5:1, vielfach sogar 10:1. Daß man sich hier schon beträchtlich von der wahren Natur entfernt, wird vielen Betrachtern kaum klar. Da der Gebrauch der eigentlichen Hochbilder in Schule und Unterricht aus praktischen

1) Eine Anzahl schöner Beispiele aus alten Kartenwerken bringt W. Kraiszl in „Alte Landkarten", Bern 1931.

Abb. 50. Ausſchnitt aus Phil. Apians „Bayriſchen Landtafeln“

Abb. 51. Ausschnitt aus einer photographierten Reliefkarte.

Gründen sehr beschränkt ist, hat man sich dadurch geholfen, daß man die Hochbilder photographiert oder Reliefkarten direkt hergestellt hat. Reliefkarten, die aus den einzelnen Höhenschichten des Meßtischblattes konstruiert sind, hat man photographiert und ganz leidliche Kartenbilder erzielt (Abb. 51)[1]).

Jede Geländedarstellung, sofern sie raumveranschaulichend wirken soll, muß eine gewisse Plastik besitzen. Jede Kartenplastik ist Formenplastik. Auf topographisch-kartographischem Gebiet wird am besten zwischen zeichnerischer und wissenschaftlicher Plastik unterschieden; denn durch die Manier und die Darstellungsmittel werden die Unterschiede in der Geländezeichnung geschaffen, nicht durch die Form, die in jedem Falle die gleiche bleibt. Schon die mittelalterlichen Kartenbilder geben treffliche Zeugnisse für die zeichnerische Plastik, mehr noch die, die mit der Renaissance den Kartenmarkt eroberten (vgl. Apians Karte, Abb. 50).

Die künstlerische Plastik kann unter Umständen als eine Abart der zeichnerischen aufgefaßt werden. Bei der schrägen Beleuchtung handelt es sich in der Hauptsache um künstlerische Plastik. Von ihr kann man keinen wissenschaftlichen Hintergrund fordern, wenn es auch nicht an Versuchen gefehlt hat, sie wissenschaftlich zu begründen. Für gewisse veranschaulichende Zwecke ist die plastische Wirkung schräg beleuchteter Karten trotz aller Einwände, die gegen sie von mancher wissenschaftlichen Seite erhoben worden sind, unentbehrlich und wird in Zukunft auch nicht entbehrt werden, so bei Schulkarten und Touristenkarten. Die künstlerische Plastik bedient sich entweder eines Farbtones oder mehrerer[2]). Der eine Farbton findet seinen Ausdruck entweder in Schraffen, Schummerung oder Tuschton.

---

[1]) Vgl. Ed. Imhof: Die Reliefkarte. Beiträge zur kartographischen Geländedarstellung. St. Gallen 1925.

[2]) In derartigen Karten ist geradezu die Schweiz führend geworden, wie die Dufourkarte in Schraffen und die offizielle Schulwandkarte der Schweiz in Farben zeigt.

Böschungsplastik und Farbenplastik sind die Darstellungsmethoden der wissenschaftlichen Plastik. In der Hauptsache beruht die Böschungsplastik auf dem plastischen Effekt der Schraffe (S. 107). Im Gegensatz zur künstlerischen Plastik, die von Haus aus subjektiver Natur ist, soll die wissenschaftliche möglichst objektiv sein. Mit der Farbenplastik ist infolgedessen auch nicht die „buntfarbige" Plastik der Schweizer Karten zu verwechseln. Diese beruht auf einer Farbensymphonie, die der Natur direkt abgelauscht ist. Die Farben vermischen sich und fließen bei unbestimmten Grenzen ineinander über. Bei der Farbenplastik liegt der Effekt in der gesetzlich geregelten Aneinanderreihung von Farben, deren Raumwirkung optisch und physiologisch untersucht und erprobt ist, wie wir dies von K. Peucker kennen [1]). Hierher gehören auch die Kartenstudien von H. Haack [2]) und ähnliche Studien und Karten von E. Kremling [3]).

Ende des 18. Jahrhunderts und Anfang des 19. Jahrhunderts gab der sächsische Major J. G. Lehmann der Schraffendarstellung eine brauchbare, nach besonderen Lichtgesetzen aufgebaute Basis. Er ging davon aus: Bei jeder, durch Striche angedeuteten, zwischen 0° und 45° liegenden Neigung einer Ebene verhält sich die Menge des Weißen wie der gegebene Neigungswinkel zu dem Einfallswinkel von 45°.

Neigung der Fläche	Verhältnis zwischen Neigungs- und Einfalls-(Ergänzungs-)Winkel oder zwischen Schatten und Licht
0°	0 : 9
5°	1 : 8
10°	2 : 7
15°	3 : 6
20°	4 : 5

[1]) K. Peucker: Schattenplastik und Farbenplastik. Beiträge zur Geschichte und Theorie der Geländedarstellung. Wien 1898. — Ders.: Höhenschichtenkarten. Zeitschr. f. Verm. 1911.

[2]) H. Haack: Ostwalds Farbentheorie in der Kartographie. Geograph. Anzeiger 1924.

[3]) E. Kremling: Die Farbenplastik, ihre Vergangenheit und Zukunft. München 1925.

25^0	5:4
30^0	6:3
35^0	7:2
40^0	8:1
45^0	9:0

Sodann lehrte Lehmann, daß die Schraffenstriche allzeit rechtwinklig auf der Horizontalen stehen müssen. Mithin sind die Schraffen weiter nichts anderes als Gefällslinien, die in der Richtung des stärksten Gefälls, also senkrecht zur Horizontalen verlaufen.

Die fein detaillierten Schraffen und ihre Maße erfordern zu ihrer Ausführung eine gewandte Technik. Der Kupferstich konnte der Schraffenmethode am besten nachkommen. Ein Muster dieser Art hat Oberreit in der Mitte des vergangenen Jahrhunderts geschaffen durch die Herausgabe

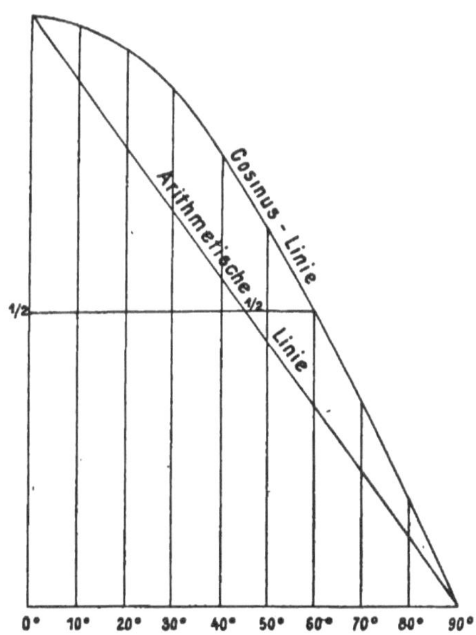

Abb. 52. Lichtintensitätslinien.

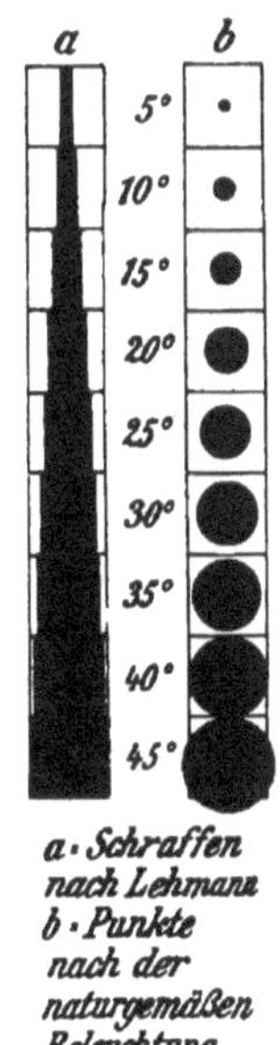

Abb. 53. Schraffen und Punkte.

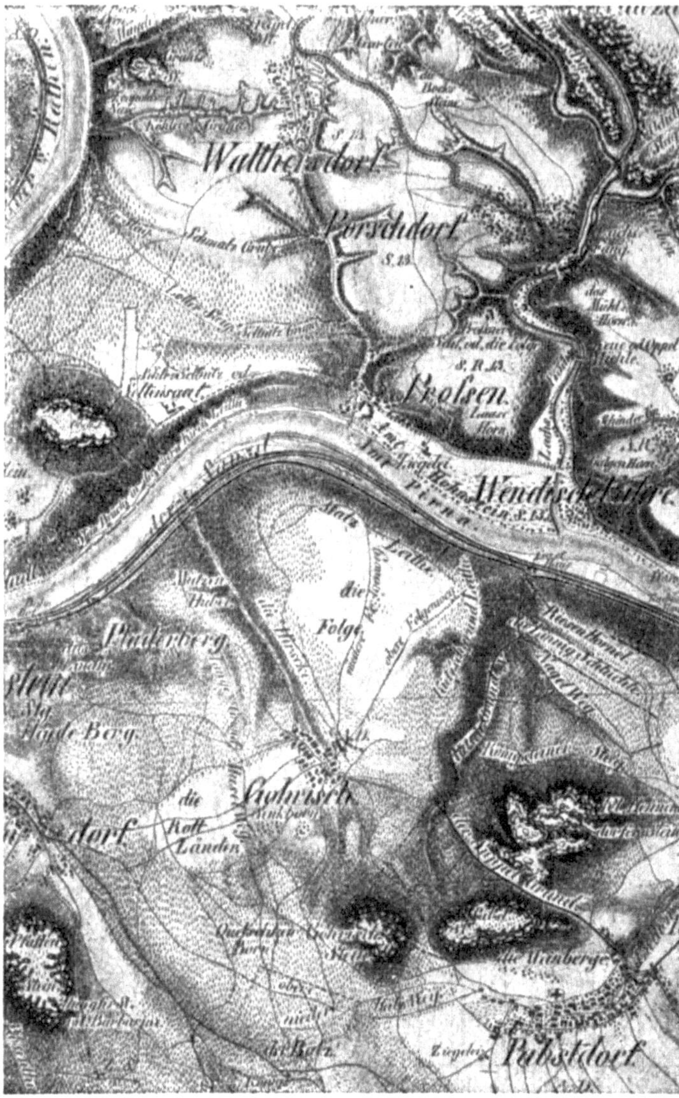

Abb. 51. Ausschnitt aus einer Oberreitschen Karte von Sachsen.

des Topographischen Atlas des Königsreichs Sachsen in 1 : 57600 (s. Abb. 54).

Der peußische General v. Müffling hatte 1821 die Lehmannsche Manier verbessert, indem er zum schnelleren Ablesen der Böschungsgrade aus der Karte punktierte, geschlängelte und abwechselnd dicke und dünne Striche einführte. Da Lehmann das Schwarz aus militärischen Gründen für Mitteldeutschland schon bei 45° eintreten ließ, führte man wegen des Hochgebirges in Bayern das Schwarz bei 60° ein und in Österreich bei 77°.

Der wissenschaftliche Hintergrund der Lehmannschen Schraffendarstellung beruht lediglich auf einer von praktischem Blick geleiteten Annahme, nicht auf rein physikalischem Belichtungsgesetz, das folgendermaßen lautet: Die Beleuchtungsstärke des Flächenelements ist proportional der Stärke der Lichtquelle und dem Kosinus des Einfalls- oder Böschungswinkels. Nach diesem Gesetz ist das Gelände-Punktsystem M. Eckerts aufgebaut. Die Schraffe ist hier durch den Punkt ersetzt, weil dieser variabler als jene ist. Wie das Licht abnimmt, zeigt die Kosinuslinie im Unterschied zu der rein arithmetischen Linie der Lehmannschen Schraffen in Abb. 52. Wie sich Punkt und Schraffe in ihrer Stärke (Dicke) zueinander verhalten, sehen wir aus Abb. 53 und einer nach dem Punktsystem angefertigten Karte in Abb. 55.

Voraussetzung einer guten Schraffen- und Punktzeichnung sind die Höhenlinien oder Schichtlinien (Niveaulinien). Diese sind das wichtigste Bauelement der Geländedarstellung. Sie nennt man auch „Isohypsen" und will damit ihre Gleichabständigkeit zum Ausdruck bringen. Die gleichen Linien auf dem Meeres- oder Seengrund heißen „Isobathen" Allgemeinhin wird die Isohypse oder Höhenlinie als die ins Kartenbild konstruierte Linie bezeichnet, die gleiche Höhenpunkte (Koten) miteinander verbindet.

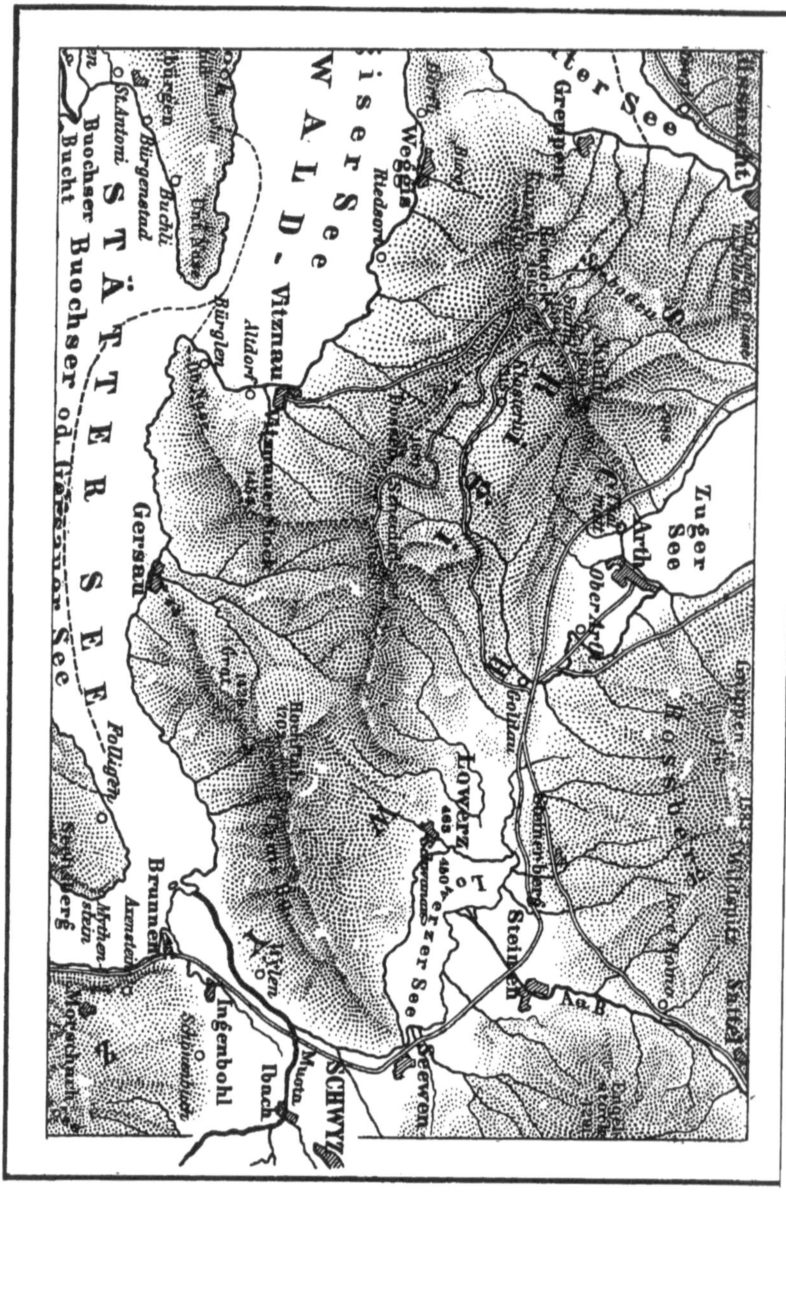

Abb. 55. Ausschnitt aus der Karte „Vierwaldstätter-See“ von M. Eckert.

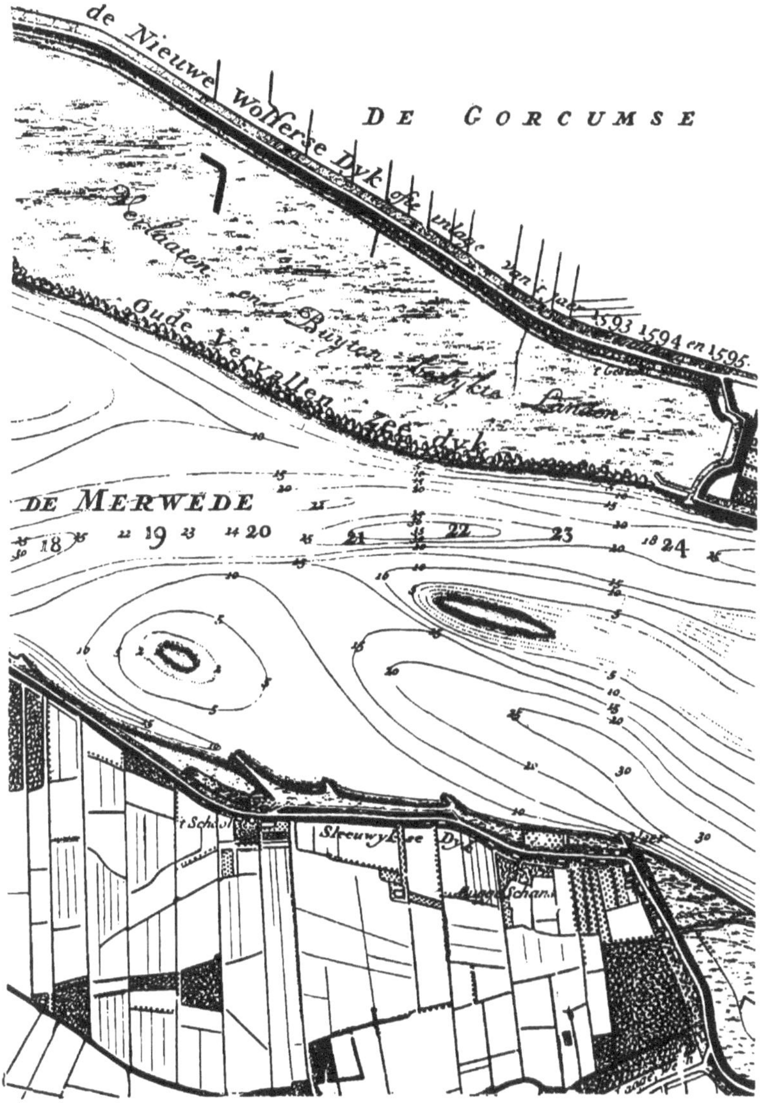

Abb. 56. Ausschnitt aus der Merwedekarte von N. Cruquius.

Die Höhenlinie ist nicht die Vertreterin eines absoluten, sondern nur eines mittleren Höhenwertes, gefunden aus mehr oder minder zahlreichen bestimmten Höhenkoten. Daran wird gewöhnlich nicht gedacht, wenn man sie kurzweg als Kurve, die gleiche Höhen verbindet, definiert. Von der Anzahl der gemessenen Höhenpunkte hängt die Genauigkeit der Höhenlinien ab und in weiterer Folge die Genauigkeit der Karte.

Läßt sich der Linienzug nicht einigermaßen zahlenmäßig festlegen, verdient er nicht die Bezeichnung „Isohypse" oder „Höhenlinie"; denn er wiederholt sodann nur ganz allgemein die Formen des Geländes, wobei er sich weniger auf die Höhenzahlen als auf eigene Anschauung (Autopsie) stützt. Nach Augenmaß wurden viele derartige, also nicht berechnete Kurven, besonders in unbekanntem Gelände, gezeichnet. Es ist dies das Aufnehmen in der Geländekurven- oder Formlinien- (auch „Schätzungs-" oder „Gefühlskurven"-)manier, genannt. Seit Anfang des vergangenen Jahrhunderts legen alle Kulturstaaten darauf großen Wert, ihre besten Kartenwerke in Höhenlinien herauszugeben, so in Deutschland alle Karten mit Ausnahme der 1 cm-Karte.

Die Höhenlinien konnten nicht früher konstruiert werden, bis es erst möglich war, Höhen zu messen, welches Verfahren gegen Ende des 18. Jahrhunderts schüchtern einsetzte. Dagegen konnte man schon die Tiefen an den Küsten genau messen (loten); und so nimmt es nicht wunder, daß hier die ersten Isohypsen- oder Isobathenkarten (Karten mit gleichabständigen Tiefenlinien) entstanden, wie das Beispiel der Merwede (ein Mündungsarm des Rheins) von Nic. Cruquius aus dem Jahre 1730 zeigt (Abb. 56). Zugleich ist diese Karte die erste bisher bekannte Höhenlinienkarte.

6. Kartenschrift und Kartenzeichen.

a. Kartenschrift. Zur Beschriftung der Karten bedient man sich der Lateinschrift oder der „Antiqua". Die einzelnen

Worte setzen sich entweder nur aus großen Buchstaben oder „Majuskeln" zusammen oder aus großen und kleinen, den Majuskeln und „Minuskeln", ganz unserm gewöhnlichen Schriftgebrauch entsprechend. Da das Schreiben in Majuskeln beim Lesen etwas Schwierigkeit bereitet, kommt diese Art des Schreibens mehr und mehr aus der Mode.

Die Antiqua beginnt die Kartenschrift erst zu beherrschen, als G. Mercator, der zu s'Hertogenbosch im Hause der „Brüder vom gemeinsamen Leben" seine Vorbildung für die Universität genoß, von den Brüdern, die angesehene Kalligraphen waren, für die lateinische Kursivschrift so begeistert worden war, daß er im Jahre 1540 ein besonderes Werkchen über die Lateinschrift herausgab. Dadurch wurde Mercator ein eifriger Anwalt der noch heute üblichen Kursivschrift gegenüber der hier und da auch auf Karten (so auf Karten von Etzlaub) gebrauchten Frakturschrift, die zu seiner Zeit viel zu geschnörkelt geschrieben wurde und nicht so klar und leicht lesbar wie die Kursiv, die sog. Lateinschrift, war.

Die Schrift soll die Deutlichkeit des Kartenbildes nicht beeinflussen, das Kartenbild möglichst schonen. Um das zu erreichen, muß das Arrangement der Schrift wohl durchdacht, d. h. die richtige Auswahl von Schriftgattung, Größe, Stärke und Stellung der Lettern getroffen werden; denn die Karte soll in allen ihren Teilen klar, lesbar und schön sein; und die Schrift insonderheit muß soweit wie möglich geschmeidig und leicht, klar und spielend lesbar sein. Eine unpraktische Schrift kann selbst die beste Karte verderben.

Es gibt, besonders für die offiziellen Karten, bestimmte Vorschriften für die Schriftzeichen. Die Kartographen der Hand- und Schulkarten halten sich nicht an die offiziellen Vorschriften; bei ihren kleinmaßstäbigen Karten stützen sie sich in der Schriftzeichnung hauptsächlich auf ihre praktischen Erfahrungen. Nur bezüglich des Verhältnisses von kleinen zu großen Buchstaben hat sich eine bestimmte Norm gebildet, insofern das Verhältnis von 3 : 5 als richtig, das von 2 : 3 als angängig und von 1 : 2 als falsch und unschön gilt.

Die Schrift, die an sich etwas Sprödes und Starres hat, sucht sich den anderen Kartenelementen anzupassen und anzuschmiegen, um so etwas Geographisches zu gewinnen, was ihr von Haus aus fremd ist. Ihr stehen vier Mittel zur Verfügung, um Begriffe und Wertverhältnisse zu unterscheiden: Größe und Stärke, Art, Stellung und Farbe der Buchstaben.

Durch die Größe und Stärke der Schriftzeichen die Bedeutung der geographischen Objekte hervorzuheben, ist eine altbewährte Methode, schon seit dem 16. Jahrhundert. Auf den offiziellen deutschen Hauptkartenwerken sind für die Ortsnamen 11 verschiedene Schriftgrößen vorgesehen worden, um schon auf diese Weise von der Regierungsstadt die Kreisstadt, Landstadt, das Dorf usw. zu unterscheiden. Ein ähnliches Prinzip zeigen die ausländischen offiziellen Kartenwerke; es wird jetzt auf allen Karten angewandt.

In verschieden abgestimmter „offenen oder Hohlschrift" werden die Meeresteile je nach der Größe dargestellt. Die Hauptflüsse, die Hauptgebirge werden in größeren und auffälligeren Buchstaben geschrieben als die Nebenflüsse und kleinen Hügelketten.

Durch die Schriftart, den Duktus, können begriffliche Unterscheidungen getroffen werden. Durch Rund- oder Rotundschrift wurden früher auf österreichischen offiziellen Karten großen Maßstabes die orographischen Elemente bezeichnet. Die Italiener, die bei den Österreichern in die Schule gegangen sind, haben diese Art Bezeichnung für ihre Generalstabskarte übernommen, auch für die Karten 1 : 25000.

Die Stellung der Buchstaben erlaubt gewisse begriffliche Unterscheidungen. Rückwärtsliegende Schrift deutet lediglich auf Flüsse. Die Buchstaben sollen sich dem Flußlauf anschmiegen und so verteilt sein, daß kein Irrtum wegen Ursprung und Mündung, Haupt- und Nebenfluß entsteht. Vorwärtsliegende Schrift wird auf den offiziellen Kartenwerken zur Bezeichnung von Dörfern ohne Kirche, von Vorwerk oder anderem größern Gehöft, von kleinen Gehöften, überhaupt von Gegenständen von geringer Bedeutung, wie Hünengräbern, N. P., Kgr. usw. gebraucht. In ausgiebiger Weise wendet man für mittlere und kleine geographische Objekte die topographische Kursivschrift in den Handatlanten und auf Handkarten an.

Zur Flächenbezeichnung wird auseinandergezogene Schrift benutzt (s. weiter S. 116).

Durch die Farbe der Buchstaben werden begriffliche Scheidungen zum Ausdruck gebracht. Beispiele hierfür sind nicht zahlreich. Fluß-, See- und Meeresnamen werden gern blau, Völkernamen in Handatlanten rot oder rotbraun u. a. m. gedruckt.

b. **Kartennamen.** Wird die Karte auch als ein Kunsterzeugnis angesehen, das ästhetisch in hohem Grade befriedigen kann, sind und bleiben trotz der schönsten Ausführung Wesen und Zweck der Karte wissenschaftlich. Sie ist kein Landschaftsgemälde eines Künstlers, das uns in Stimmung versetzen soll, sie will ja nur von reinen, nackten Tatsachen reden, und wir wollen sie benutzen, um uns über den dinglich erfüllten Raum richtige Vorstellungen zu machen, um unser geographisches Wissen zu bereichern. Dazu gebraucht die Karte neben den ihr eigenen Zeichen das Wort. Jedes bodenständige Objekt bezeichnet sie mit einem charakteristischen Namen. Mithin ist der Name kein der Karte fremdes Element, sondern durchaus ein unerläßlicher oder integrierender Bestandteil der Karte, fast noch mehr als ein reines Orientierungsmittel[1]). Die Namengebung bzw. die Kartenschrift gibt der Karte Leben und Sprache und ist der Schlüssel zu ihrem Verständnis.

[1]) Vgl. H. Fischer: Die Kartenschrift. Sonderheft 1 zu den „Mitt. des Reichsamts f. Landesaufnahme". Berlin 1925.

Die namenlose Karte heißt stumme oder blinde Karte. Sie hat lediglich didaktischen Zweck, höchstens noch eine gesteigerte ästhetische Wirkung. So werden zu Studienzwecken Abdrucke von guten und gangbarsten Karten „avant la lettre“ veröffentlicht. Erscheinen die Anfangsbuchstaben von Orts-, Gebirgs- und Flußnamen auf Karten, spricht man von halbstummen Karten.

Die Namenbezeichnung hat unter Umständen direkt die Funktion eines kartographischen Darstellungsmittels; wenn z. B. die Bezeichnung „Wald“ die Stelle der Waldsignatur vertritt. Ohne Signatur oder Flächenkolorit werden auf Landkarten Völkernamen verzeichnet, auf Wirtschaftskarten die Namen der betreffenden Haustiere oder Nahrungspflanzen oder nutzbarer Mineralien. In der Hauptsache sind es mehr Bezeichnungen aus dem Gebiete der Kulturgeographie, die man ohne Signatur in die Karte einschreibt.

Auch bei der Auswahl der Kartennamen sprechen Zweck und Absicht der Karte und nicht zum geringsten der Maßstab das entscheidende Wort. Alle Teile der Karte und somit gleichfalls die Schrift müssen harmonisch ineinander passen. Die Namen müssen zu uns sprechen. Kulturliche Momente muß sie betonen helfen. So muß man in der Vielheit und Lage der Ortsnamen die dicht besiedelten von weniger dicht besiedelten Gebieten unterscheiden können. (Also nicht die Kartenfläche gleichmäßig mit Namen bedecken!).

Im Laufe der Zeit haben sich für die Stellung der Kartennamen gewisse Regeln entwickelt. Im allgemeinen unterscheidet man Linear- und Arealstellung der Kartennamen. Bei der Linearstellung sind die Namen, insonderheit die Ortsnamen, entweder parallel zum obern bzw. untern Kartenrande geschrieben oder parallel zu den Breitenparallelen. Der Name muß so stehen, daß der betreffende Gegenstand jederzeit unzweideutig verstanden werden kann. Die Arealstellung der Namen will zum Ausdruck bringen, daß die Namen zur Bezeichnung der Flächen verwendet werden können, daß man sogar von „Flächennamen" spricht. Nicht allein, daß die Namen für Länder, Provinzen, Landschaften, Völkerstämme, Gebirge, Hoch- und Tieflandflächen, Wüsten, Wälder, Inselgruppen und Seen, Meeresteile, Haustier- und Nutzpflanzenverbreitung gesperrt gedruckt werden, müssen sie die gesamte Ausbreitungsfläche in der Längsachse umspannen.

Dem Namen ist die Zahl als Kartenelement verwandt. Sie entstammt gleichfalls dem Buchdruck und dient zur quantitativen Feststellung verschiedener geographischer Objekte, und vor allem zur Kennzeichnung der Höhen.

Die Transkription oder die Umschrift ist ein Problem, dessen Lösung weniger auf kartographischem als vielmehr auf philologischem Gebiete liegt. Zudem ist es eine Angelegenheit internationaler Vereinbarungen. Aber auch hier ermangelt die wünschenswerte Förderung. Bei der Herausgabe der Internationalen Weltkarte in 1 : 1000000 bestimmten die Londoner Beschlüsse von 1909, daß die Ortsnamen selbständiger Länder oder von Gebieten mit Selbstverwaltung, die sich der Lateinschrift bedienen, so wiedergegeben werden sollen, wie sie das betreffende Land anwendet. Eingebürgerte Namen sollen tunlichst berücksichtigt werden. So kann ein Kartenwerk einer Toponomastik am besten genügen.

Durch das gewaltsame Umtaufen von Ortsnamen nach dem Weltkriege v. 1914—18 entstanden viele Schwierigkeiten besonders auch in postalischer Beziehung. Richtungweisend ist hier das Reichs-Kursbuch vorgegangen, das die neuen Namen in alphabetischer Anordnung brachte, dahinter in Klammern den alten Namen. Den deutschen Kartenwerken sollte es zur Regel werden, die alten deutschen Namen unverändert zu bevorzugen und die neuen Namen in feiner Schrift eingeklammert beizufügen[1]).

[1]) Wie die ausländischen Ortsnamen in den amtlichen Deutschen Karten behandelt werden, darüber vgl. das Werk: Das Reichsamt f. Landesaufnahme u. seine Kartenwerke. Berlin 1931. S. 58—62.

Ist das Kartenwerk so groß, daß ein besonderes Namenverzeichnis notwendig ist, dann hat dieses eine Gegenüberstellung der alten und neuen Ortsnamen zu enthalten. In diesem Verzeichnis ermöglicht ein doppeltes Alphabet (alt/neu und neu/alt) eine bequeme und reichlich zuverlässige Unterrichtung, wie es z. B. in dem Namenverzeichnis (320000 Namen!) der Hundertjahrausgabe von Stielers Handatlas geschieht.

c. Zeichenerklärungen und Abkürzungen der amtlichen Karten[1]. Der Wert der Kartenzeichen oder Symbole (Si-

Kartenzeichen.

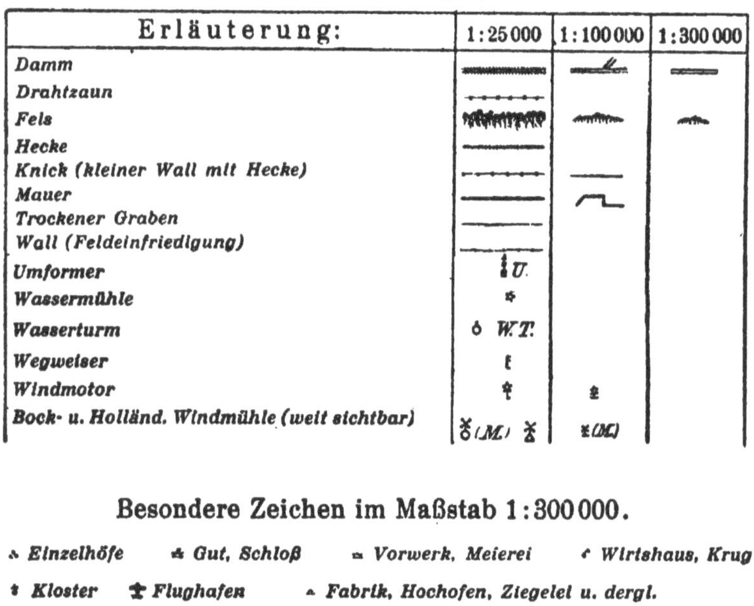

Erläuterung:	1:25000	1:100000	1:300000
Damm			
Drahtzaun			
Fels			
Hecke			
Knick (kleiner Wall mit Hecke)			
Mauer			
Trockener Graben			
Wall (Feldeinfriedigung)			
Umformer	U.		
Wassermühle			
Wasserturm	W.T.		
Wegweiser			
Windmotor			
Bock- u. Holländ. Windmühle (weit sichtbar)	(M.)	(M.)	

Besondere Zeichen im Maßstab 1:300000.

Einzelhöfe — *Gut, Schloß* — *Vorwerk, Meierei* — *Wirtshaus, Krug* — *Kloster* — *Flughafen* — *Fabrik, Hochofen, Ziegelei u. dergl.*

Abb. 57. Kartenzeichen (Signaturen).

[1]) Vgl. das kleine Heftchen „Kartenmuster" mit Erklärung der wichtigsten Zeichen der Maßstäbe 1 : 25 000, 1 : 100 000 und 1 : 300 000, das vom Verlag des Reichsamts für Landesaufnahme in Berlin herausgegeben worden ist. Ferner sind zu empfehlen die „Kartenzeichen" der oben genannten Karten und bes. „Musterblatt f. d. topograph. u. kartograph. Arbeiten in 1 : 25 000. Berlin 1931. Für die Karte 1:50 000 gibt es gleichfalls ein Sonderblatt.

Kartenzeichen (Fortsetzung)

Erläuterung:	1:25000	1:100000	1:300000
Alte Schanze			
Bergwerk im Betrieb und verlassen			
Bruchfeld (durch Bergbau unterhöhlt)			
Denkmal	*Denkm.*		
Einzelgrab, Feldkreuz			
Erratischer Block	*Err. Block*		
Oberförsterei (Forstamt)	*O.F.*	*O.F.(F.A.)*	*O.F.*
Försterei, Waldwärter, Forstwart	*F. W.W.*	*F. W.W.*	
Friedhof für Christen			
Nichtchristen			
Funkstelle	*F. St.*	*F. St.*	
Funkturm (über 60 m hoch)		*F.T.*	
Gradierwerk, Saline			
Grenzgraben, Grenzwall			
Grenzzeichen	12		
Grube, Steinbruch			
Heiligenbild, Kapelle	*Kp.*	*(Kp.)*	
Hervorragender Baum			
Höhenpunkt	113,5	358	586
Höhle		*Hhl.*	
Hünenstein, Hünengrab		Hüngr.	
Kalkofen		*K.O.*	*Fabrik*
Kilometerstein	120		
Kirche	*(K.)*		
Landwehr, Ringwall			
Luftfahrtfeuer, freistehend und auf Haus	*Luftf.*	*Luftf.*	
Meilenstein			
Naturschutzgebiet	N.S.G.	N.S.G.	
Nivellem. Punkt	9,13		
Pegel	*P.*		
Ruine	*R.*	*R.*	
Schlacht-, Gefechtsfeld	20.8.1914	1813	
Schornstein (weit sichtbar)	*(S.)*	*(S.)*	
Steinriegel, Steinhaufen			
Teerofen		*T.O.*	
Terrasse, Steilrand und Schutthalde	56		
Trigonom. Punkt	76,4		
Turm, Warte	*T.W.*	*T.W.*	*(weit sichtbar)*
Turm auf Haus (weithin sichtbar)	*(T.)*		

gnaturen) besteht darin, einmal die Namengebung im Kartenbild zu entlasten und ein andermal dem Gedächtnis eine Hilfe zu geben. Auf besonderen Blättern, den sog. „Signaturtafeln" oder „Zeichenerklärungen", hat man die Signaturen der einzelnen größeren offiziellen Kartenwerke des In- und Auslandes zusammengestellt (vgl. Abb. 57, auch Abb. 44 und 47). Für das Studium offizieller Kartenwerke sind sie unbedingt wichtig. Das gilt nicht allein für die topographischen Karten, sondern auch für die Seekarten.

Da es nicht leicht ist, die Symbole auf den offiziellen, selbst auch auf nicht offiziellen Karten sinngemäß auseinanderzuhalten, wäre es gut, wenn diese Karten die Symbole anders wie bisher gruppieren würden, damit sie leichter im Gedächtnis haften bleiben. So kann recht gut zwischen Grundriß-, Aufriß- und konventionellen Symbolen unterschieden werden. Zur ersten Gruppe gehören die Ortszeichen, Eisenbahnen, Kanäle, überhaupt Wegebezeichnungen, Grenzen u. a., zur zweiten die kleinen sinnfälligen Zeichen für Windmühlen, Wassermühlen, Wegweiser, Einzelbaum, Försterei, Boje, Treibbake, Feuerschiff usw. und zur dritten die Zeichen für Bergwerksbetrieb, verlassenen Schacht, wichtiges Schlachtfeld, Ruine, Schloß, Kirche, trigonometrischen Punkt u. a. m. Die Entwicklung dieser Zeichenreihen geht ungefähr auf vier Jahrhunderte zurück, nachdem ihr Mercator erst einen kräftigen Impuls verliehen hatte.

Die Kartenzeichen sind zweifelsohne mit ein Schlüssel zum Kartenlesen. Um die Kartenfläche mit Kartenzeichen nicht zu überfüllen, haben sich amtliche und andere Kartenwerke damit geholfen, Buchstabenabkürzungen (Abbreviaturen) für verschiedene Gegenstände anzuwenden. Wo es der Platz gestattet, werden sie zu den entsprechenden Symbolen noch besonders hinzugefügt. Diese Buchstabenabkürzungen beziehen sich außer auf die beiden geodätischen N. N. = Normal Null, N. P. = Nivellements-Punkt und einige geographische: B. = Berg, Fl. = Fluß, Gr. = Graben, T. = Teich, N. S. G. mit unterstreichender Punktlinie = Naturschutzgebiet, in der Hauptsache auf wirtschaftliche Erscheinungen und Belange.

7. Die angewandte Karte.

a. Die angewandte Karte im allgemeinen. Die angewandte Karte gehört in die große Gruppe der geographisch abstrakten Karten. Sie ist ein wichtiger Vertreter der Karten, die das Wesentliche vom Zufälligen scheiden und verallgemeinert durch Mittelwerte oder die diese vertretende Werte veranschaulichen. Mit der Aufnahme und Herstellung von Land- und Seekarten hat es der Geograph im allgemeinen nicht zu tun, es sei denn, daß er als Forscher in unbekannte Lande hinauszieht und Neuland für die Erdkunde erschließt oder die Erforschung eines besonderen kleinen Erdgebietes vornimmt; wohl aber ist er ganz in seinem Fahrwasser, wenn es sich um den Entwurf der sog. „angewandten" Karten handelt.

Das Gebiet der angewandten Karte wird selten von eigentlichen Kartographen betreten. Zumeist hat er auch keine Zeit, sich neben seiner oft recht schwierigen manuellen, wenn auch wissenschaftlich geleisteten Arbeit in andere Probleme zu vertiefen und ihnen einen kartographischen Ausdruck zu verleihen. Zudem hat er ja für die angewandte Karte bereits die Basis geschaffen, indem sich auf der von ihm geschaffenen Landkarte das aufbaut, was der Wissenschaftler als Niederschlag seiner Studien gewonnen hat.

Auf der angewandten Karte werden durch geeignete Systeme und Schemata von Zeichen, Linien und Farben die Ergebnisse von Massenbeobachtungen (und Einzelbeobachtungen) aus Natur- und Menschenleben eingetragen. Diese angewandte

Kartographie stellt sich damit in den Dienst zahlreicher Wissenschaften, denen es auf die geographische Verbreitung der in ihnen behandelten Objekte, Vorgänge, Erscheinungen ankommt, in erster Linie in den Dienst der mannigfachen Zweige der physikalischen und biologischen Erdkunde.

b. Die Methoden der angewandten Karte. Das Gesetz der großen Zahl, das aus Reihenbeobachtungen mit Vernachlässigung zufälliger Einzelheiten den Mittelwert oder das Typische ermittelt, und das bisher nur auf dem Gebiete rein statistischer Untersuchung gewürdigt worden ist, hat in der Kartographie gleichfalls einen außerordentlich großen, fast unbeschränkten Geltungsbereich gewonnen.

Ohne Mittelwerte könnten gewisse verkehrs- und wirtschaftsgeographische Karten nicht gezeichnet werden. Die Funktionen der Mittelwerte auf diesen Karten haben es größtenteils mit Reihenbeobachtungen zu tun. In den Funktionen der Mittelwerte kommt ein gewichtiges Konstruktionselement für neue Karten zum Ausdruck. Dieses kann nun selbst innerhalb des Bannkreises der gewöhnlichen Landkarte (der topographischen Karte) liegen, also ein zu ihr gehöriges oder direkt abhängiges sein, oder es erscheint mehr als ein davon abgelöstes, als ein fremdartiges Konstruktionselement, das das Ergebnis gewisser Forschungsrichtungen ist und schließlich dem Situationsbild einverleibt wird, wodurch der ursprüngliche Charakter der Landkarte verlorengeht (Isothermen-, Isobaren-Karten u. a. m. S. 130).

Mittelzahlen zu finden, haben die physische Geographie (Meteorologie) und die Statistik gelehrt. Von letzterer hat die angewandte Karte vieles übernommen und verbessert. Das beweist schon die graphische Methode, die sowohl die einfachen geometrischen Veranschaulichungen der statistischen Zahl, das Diagramm, als auch die Darstellung statistischer Verhältnisse auf der Landkarte, das Kartogramm, umfaßt.

Das **Diagramm**, dessen sich auch der Geograph bedient, veranschaulicht die statistischen Zahlen geometrisch durch Punkt, Linie, Fläche und Körper. Die letzten beiden kommen für Mittelwerte vorzugsweise in Betracht, weniger Punkt und Linie. Dagegen sind dem **Kartogramm** keine Grenzen gegen weitgehendsten Gebrauch von Mittelwerten gezogen. Es steht somit in seiner Bedeutung weit über dem Diagramm, wozu sich noch die sinnliche Veranschaulichung, der in der Tabelle gebotene Zahlennachweis und die topographische Lagerung der statistischen Verhältnisse, gesellt.

Schwillt die Linie zum **Bande** an, kann dem Gesetz der großen Zahl Genüge getan werden. Wir betreten damit das Gebiet des **Flächenkartogramms**. Das Band will hauptsächlich die räumliche Bewegung der Massen darstellen. So weist das Band seinem Wesen nach ganz besonders auf das Verkehrsgebiet, auf die Verkehrskarte hin. Schließlich ist das **Bandkartogramm** nichts anderes als die statistisch belebte Karte der Verkehrswege.

In neuerer Zeit hat sich wieder eine ältere Methode bemerkbar gemacht, gekennzeichnet durch das **isolierte Flächendiagramm in geographischer Position**. Irgendein Karten- oder Landumriß wird hergenommen und in das betreffende Land mitten hinein ein farbiges Quadrat oder eine farbige Kreisfläche, eben das Diagramm, gesetzt. Das Millimetersystem wird zum Diagramm in ein bestimmtes,

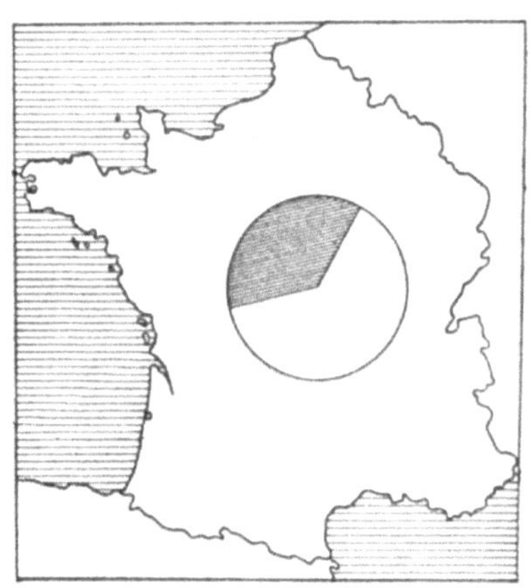

Abb. 58. Flächendiagramm in geographischer Position.

möglichst einfaches Verhältnis gebracht, z. B. 1 qmm = 1000 ha Erntefläche für irgendein Getreide. Durch die verschiedenen Farben der Diagrammfläche werden die Getreidearten veranschaulicht (in Abb. 58 die Weizenernte). Mit Hilfe des jeweils gewählten Maßstabes ist es ein Leichtes, den ungefähren Zahlenwert eines Diagramms zu erfassen, ohne daß es nötig ist, das beigefügte Zahlenmaterial durchzustudieren. Das ist zweifellos ein großer Vorteil, der sich aber nur da auswirkt, wo die Diagramme in Quadratform wiedergegeben sind. Erscheinen sie in Kreisform, läßt die schnelle Auffassung zu wünschen übrig. Da kann nur der hundertteilige (= 100%) Kreis etwas helfen, dessen Hundertteile schnell und klar an der Peripherie abzulesen sind. Bei dieser relativen Methode ist darauf zn achten, daß das, was dargestellt wird, in einem innern Zusammenhang zum Bezugsgegenstand steht, so daß die Anbauverhältnisse einzelner Feldfrüchte in Beziehung zur landwirtschaftlich genutzten Fläche gesetzt werden. Volkskarten lassen sich nach ähnlichem Prinzip aufbauen.

Die oben angeführten Kartogramme gestatten die Zahlenwerte absolut und relativ darzustellen. Das statistische Kartogramm im engern Sinne, das eigentliche geographische Flächenkartogramm, ist mehr der Darstellungsbereich der relativen als der der absoluten Zahl. Auf diesem Kartogramm erscheinen statistische Durchschnittsverhältnisse, vorausgesetzt, daß sie eine allgemeine Bezugnahme auf das zu untersuchende bzw. darzustellende Gebiet gestatten, für sämtliche Länder eines Erdteils oder sämtliche Abschnitte eines Landes durch Farbe oder Schraffur bestimmt gruppiert. Das Kartogramm wird um so größeren Wert erhalten, je kleiner die territorialen Elemente sind, auf die die statistischen Verhältnisse übertragen werden. Dieses Herabsteigen bis zu den kleinsten Flächen, etwa zu den Gemarkungen, und ihre Darstellung in buntfarbigen oder verschieden schraffierten Flächen, nennen die Statistiker die geographische Methode.

Die geographische Methode der Statistik ist jedoch nur eine vermeintliche geographische Methode der Statistik, die wirkliche sieht anders aus. Jene, obschon farbig ausgeführt, hat etwas Steifes und Unnatürliches an sich, was daran liegt, daß die politischen oder die Gemeinde-Grenzen auch als Grenzen für die Farbflächen beibehalten werden. Die rein geographische Methode baut nun auf der Grundlage, die ihr die „vermeintliche" geschaffen hat, weiter. Sie nimmt bei ihrer weiteren Arbeit gewisse Ausscheidungen vor, die störend auf das Gesamtergebnis wirken, wird mithin dem Gesetz der großen Zahl gerechter und verläßt gegebenenfalls die administrativen Grenzen, um zu geographisch begrenzten Mittelwerten zu gelangen. Die Konstruktion der Grenzen der einzelnen Stufen wird und ist rein geographisch (s. nächstes Kapitel).

Die Farbstufen und Schattierungen der geographischen Methode richten sich nicht bloß nach der statistischen Zahl, sondern auch nach dem orographischen Aufbau, der Bodenqualität, dem Klima und der Bewässerung des darzustellenden Gebiets. In Erdübersichtskarten und Hand- und Schulatlanten, soweit sie sich noch in Millionenmaßstäben bewegen, gebührt der rein geographischen Methode der Vorzug.

c. **Verkehrs-, Wirtschafts- und physische Karten.** Hier handelt es sich nicht um die Verkehrs-, Wirtschafts- und physischen Karten an sich, die ja samt und sonders in das Gebiet der angewandten Karten gehören; hier soll vielmehr auf die angewandte Karte höherer Ordnung hingewiesen werden, deren Bild das Ergebnis besonderer Forschung und Arbeit ist. Wir sehen auch bei ihnen, daß sie sich mehr oder weniger der Mittelwerte bedienen.

Die große Gruppe der höheren Verkehrskarten kann man einleiten mit den Karten der mittleren Küstenferne und mittleren Grenzferne. Diese Karten bringen die ebenso einfache wie wichtige Beziehung eines bestimmten Erdraumes zu seiner Grenze zum Ausdruck. Zum Vorwurf haben sie lediglich die horizontale Entfernung und geben einen allgemeinen Einblick in die größere oder geringere Aufgeschlossenheit und Zugänglichkeit eines Landraumes. Die Konstruktionen der mittleren Fernen werden nur in beschränktem Maße dem Gesetz der größeren Zahl im Aufbau der Karte gerecht, da sie rein mathematisch-konstruktiv sind, ohne bis zum Typischen (auf dem Kartenbilde selbst) vorzudringen.

Der mathematische Kalkül ist hier ein ausschlaggebender Faktor. Das war der Fall z. B. für Eckert, als er 1901 die Karte des Weltverkehrs zur See entwarf, worauf der Seeverkehr in seinem Umfang auf einzelne Hauptrouten verrechnet wurde, deren verschiedene Breite ein sprechendes Bild für die Bedeutung der Seewege in bezug auf den Verkehrsumfang ergibt. Das Bild ist daraufhin in fast alle Schulatlanten, auch in die englische Kartographie eingedrungen. Den Binnengewässern entlang hat man gleichfalls verschieden starke Bänder gezogen, die den zu Berg gerichteten und zu Tal flutenden Verkehr versinnbildlichen. Workowsky und Sympher geben die ersten Karten dieser Art.

Bei der Konstruktion der Bandkartogramme für Eisenbahnlinien hat man vielfach darauf einen Nachdruck gelegt, daß die Flächenstücke zwischen den einzelnen Stationen dem Produkt aus Bewegungsmasse und Entfernung proportional seien. Dies Ziel wird indessen selten erreicht, höchstens bei geraden Strecken, weil bei den Biegungen der Strecke Ungenauigkeiten entstehen, die die gewollte mathematische Korrektheit eines solchen Bandes stark beeinträchtigen. Deshalb hat sich E. Tiessen bei der Konstruktion seiner Verkehrsbänder ganz von der Eisenbahn losgelöst und ließ nur die Richtung des Landes maßgebend sein, nach dem der jeweilige Verkehrsumfang gerichtet ist; nur das Ursprungsgebiet ist durch den Erzeugungsort neben dem allgemeinen Landesumriß als rein Geographisches noch übriggeblieben. Mithin nähert sich die Tiessensche Karte schon auffällig dem Verkehrsdiagramm in

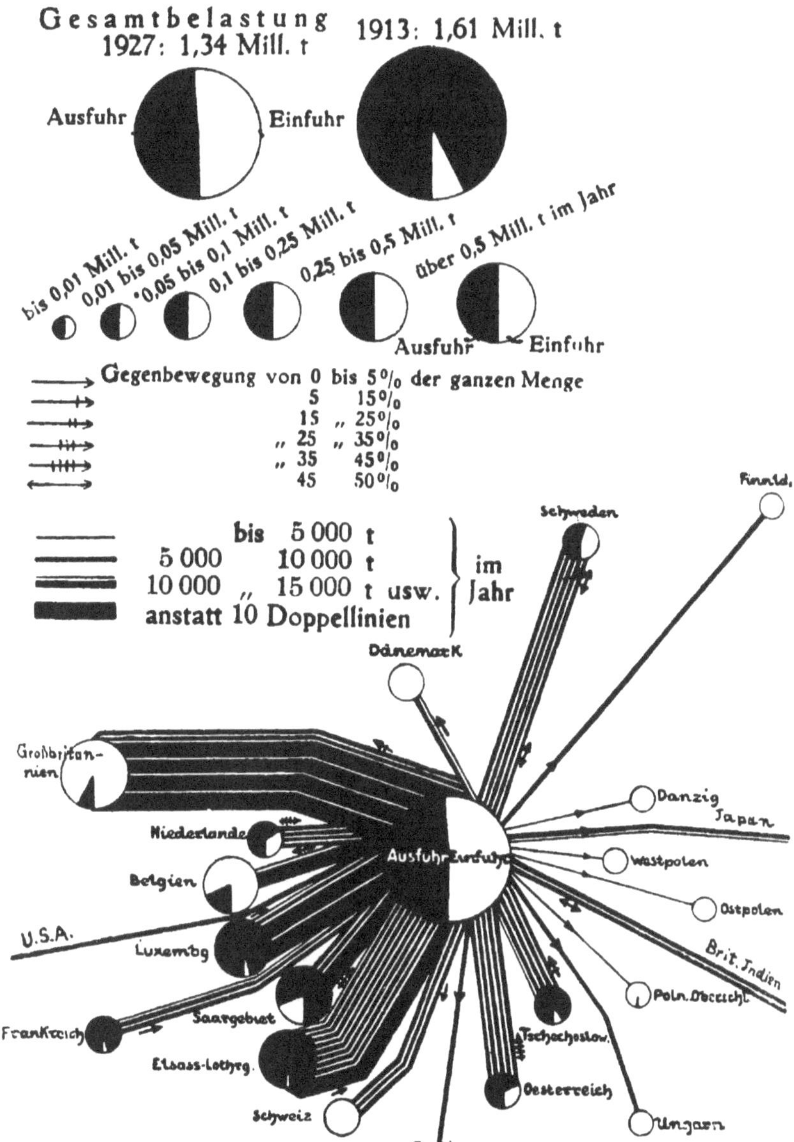

Abb. 59. Deutschlands Außenhandel in Roheisen (nach Tiessen).

geographischer Position. Die in Abb. 59 wiedergegebene Karte ist Tiessens „Deutschem Wirtschaftsatlas", Berlin 1929, entnommen.

Tiessen nennt seine dynamischen Bänder Einheitslinien. Die Einheitslinie ist auf jeder Karte besonders festgelegt; eine Doppellinie bedeutet das Doppelte der Einheitslinie, und eine etwa dreifach stärkere Linie als die Doppellinie wird „Balkenlinie" genannt und bezeichnet das 20fache der Einheit oder das 10fache der Doppellinie. Mit Pfeilen wird die überwiegende Bewegungsrichtung beim Verkehr dargestellt.

Die Eisenbahn und ihr Ausbreitungsbereich geben noch eine größere Anzahl von höheren verkehrsgeographischen Aufgaben. So werden entsprechend den Kurven mittlerer Grenzabstände (s. oben) auch die Kurven der Eisenbahnferne konstruiert, und zwar durch die von einzelnen Bahnstrecken gleichweit abstehenden Punkte (Orte). Die einfachen Werte der Eisenbahnferne lassen sich kartographisch gut veranschaulichen, schwieriger wird dies bei den Mittelwerten, die aber gerade ein beredtes Zeugnis von der Aufgeschlossenheit eines Landes ergeben.

Von weiterem Interesse ist die kartographische Fixierung der mittleren Maschenweite des Eisenbahnnetzes, wozu man am besten eine statistisch-kartographische Darstellung gebraucht, indem man den Provinzen oder Ländern, je nach den ihnen zukommenden Mittelwerten, die wiederum in Gruppen zusammenzufassen sind, ein bestimmtes Kolorit gibt. Die kartographische Veranschaulichung der mittleren Stationsdichte und Dichtigkeit des Bahnnetzes unterliegt denselben Prinzipien wie die der mittleren Maschenweite, der mittleren Eisenbahndichte usw. Die Stationsdichte ist in den meisten Fällen ein Spiegelbild der Dichtigkeit des Bahnnetzes. Beide bedingen sich gegenseitig. Daß Ausnahmen von dieser Regel bestehen, wenn auch selten, ist ohne weiteres anzunehmen. Wird irgendein größeres Gebiet bei genügender Maßstabgröße, wie die Dichtigkeit des Bahnnetzes im Deutschen Reiche behandelt, bezeichnet man die mittlere Netzdichte als „Reichsdurchschnitt"

Außer der Dichte des Eisenbahnnetzes gibt die Schnelligkeit in mittleren und extremen Werten Veranlassung, ein Kartenbild anzufertigen, auf dem die Orte, die in gleicher Zeit erreicht werden, durch Kurven (Isochronen) verbunden sind. Die „Isochronenkarten" müssen bei ausführlicherer Bearbeitung auch andere Verkehrsmittel berücksichtigen, insonderheit, wenn sie die gleichen Zeitzonen der gesamten Erde veranschaulichen sollen Da sind auch Dampfer, Lasttiere, Träger u. a. m. mit einzubeziehen[1]). — Interessieren im allgemeinen mehr die Höchstleistungen, die dauernd erreicht werden, erheben doch hier die mittleren Zahlenwerte Anspruch auf Beachtung. Am besten ist es, wenn bei einer Isochronenkarte mit Mittelwerten lediglich die mittlere Reisedauer berücksichtigt und tunlichst die Häufigkeit, die einer besonderen Karte zuzuweisen ist, ausgeschaltet wird.

Die mittlere Zahl hat sich ein größeres Arbeitsfeld auf dem Verkehrs- als auf dem Wirtschaftsgebiet erobert. Das liegt in der Natur der Dinge, denn im Verkehr kommen Raumverhältnisse (Raumbewältigung) und Zeitverhältnisse (Zeitdauer) zur Geltung. Sie stehen in Wechselwirkung von Ort zu Ort, von Raum zu Raum, und ihre kartographische Darstellung ist, weil ihre Kräftewirkungen nach verschiedenen Richtungen und verschiedener Intensität erfolgen, gemittelten Werten zugänglich. Die Wirtschaftskarte hat es einmal mit den Erzeugnissen der verschiedenen Landstriche zu tun und ein andermal mit der rein örtlichen Verteilung von Produkten, Gewerben, Industrien usw. Die erste Gruppe, die Produktionskarten, arbeitet in der Hauptsache mit Mittelwerten; die Karten sind dann in der Regel dem statistischen Diagramm verfallen. Die andere Gruppe befaßt sich mit der einfachen Lokalisation, die mit Mittelwerten nichts zu tun hat. Will ich beispielsweise

[1]) Vgl. S. 65 und 66.

jedoch die Bedeutung der einzelnen Industriezentren gegeneinander abwägen, dann greife ich auch am besten zu Mittelzahlen.

In keinem Gebiet der physikalischen Karten spielt das Gesetz der großen Zahl eine gleich große Rolle wie bei den klimatologischen und verwandten Karten. Für sie ist die typische Mittelzahl ebensowohl Zweck wie Mittel der Forschung. Darum erscheint es als kein Zufall, wenn sich die Karten der physikalischen Atlanten in der Hauptsache der Veranschaulichung mittlerer atmosphärischer Zustände widmen. Diese sind das Ergebnis von Beobachtungsreihen, deren Wert ganz davon abhängt, in welcher Weise, zu welcher Zeit und innerhalb welcher Beobachtungsperiode sie gewonnen sind. Daß man mit der Methode der Mittelwerte nicht jedem klimatischen Faktor gerecht wird, hatte schon A. v. Humboldt erkannt. Aber dennoch werden durch die Funktionen der mittleren Werte nicht allein die Probleme geklärt, sondern vor allem vertieft, erweitert und vervielfältigt. Das glänzende Beispiel hierfür geben die Isothermen- und Isobarenkarten.

Den Karten, die sich mit der Veranschaulichung der jährlichen, jahreszeitlichen und monatlichen Regenverteilung beschäftigen, liegen gleichfalls die Mittelwerte langjähriger Beobachtungen zugrunde. In der Wissenschaft ist es üblich geworden, die Orte mit gleichen Mittelwerten durch Linien bzw. Kurven miteinander zu verbinden. Zuletzt sind auch die Kurvensysteme erdmagnetischer Karten Mittelwerte, die bei genauen Darstellungen gleichfalls aus Beobachtungsepochen von zwei und mehreren Dezennien gewonnen und gewöhnlich auf eine Normalepoche reduziert sind.

d. Bevölkerungs- und Siedlungskarten. Wird eine Volksdichtekarte der Erde in einem für Weltkarten üblichen Maßstab (Atlaskarte) entworfen, setzt man die Einwohnerzahl der einzelnen Kontinente zum Areal der Kontinente in Beziehung und versinnbildlicht sie nach irgendeiner zeichnerischen Methode flächenhaft auf der Karte. In der Voraussetzung, daß wir es mit Übersichtskarten zu tun haben, spielen die großen unbewohnten Gebiete der Kontinente bei der allgemeinen Abschätzung in bezug auf die Bevölkerungsdichte keine Rolle. Kontinente und Inseln sind von Natur aus gut begrenzte Wohnräume. Die Natürlichkeit der Begrenzung wird beeinträchtigt, sobald es sich um die Volksdichte der Staaten auf einer Karte von Europa oder eines Einzelstaats handelt. Indessen wird die Bedeutung der politischen Grenze nicht so abgeschwächt, daß sie nicht vielfach einen derartigen Einfluß auf die Verteilung der Bevölkerung erlangen könnte, die dem der natürlichen nichts nachgibt.

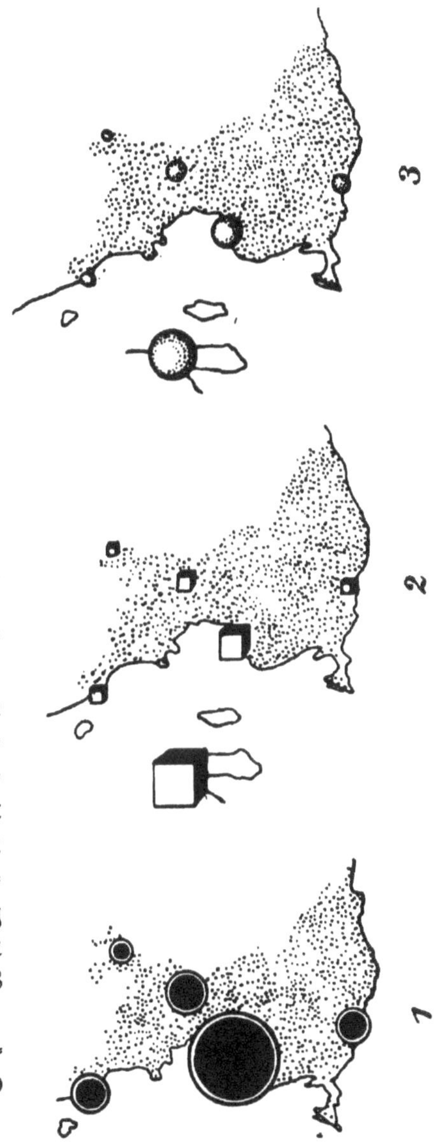

Abb. 60. Steen de Geers Volksdichtekarten.

Die einfachste Methode, Volksdichte und Bevölkerungsverteilungskarten herzustellen, besteht, wie im Kapitel vorher scho n bemerkt (statistische Methode) darin, Flächen gleicher Einwohnerzahlen auf den Quadratkilometer zu verteilen. Ein anderes Verfahren benutzt die Zeichnung von Kreisen, Kugeln, Würfeln, deren Größe zu einer bestimmten Anzahl von Menschen in Beziehung gesetzt wird. Diese Methode, die Steen de Geer besonders ausgebildet hat, ermöglicht es, recht gut menschenarme und dicht bewohnte Gebiete, aber auch die städtische Zusammenballung zu veranschaulichen (Abb. 60).

Mit Vorstehendem ist einmal das Wesen der relativen Methode und sodann mit der von Steen de Geer das der absoluten Methode gekennzeichnet worden. Nach dieser Methode wird für jeden Ort eine Signatur eingesetzt, deren Größe in einem bestimmten Verhältnis zur Einwohnerzahl des Ortes steht. Wir nennen ihn Kugelpunkt. Um nicht jeden Kugelpunkt zu berechnen, bildet man Schwellenwerte (s. u.) für die Ortsgrößen (Ortsgrößenskala!). Statt der Kugelpunkte kann man auch Dichtepunkte wählen, d. h. man umfaßt mit einer bestimmten Punktgröße etwa 500 Menschen, dann würden 3 gleichgroße Punkte 1500 Menschen bedeuten.

Der Dichtepunkt hat ein weites Tätigkeitsbereich, d. h. seine Verwendungsmöglichkeiten sind viel mannigfaltiger als die Darstellungsmöglichkeiten in relativer Methode. Will man mit der Volksverteilung zugleich die Bevölkerungszusammensetzung nach dem Gewerbe oder nach der Nationalität zum Ausdruck bringen, wählt man gleichgroße verschiedenfarbige Dichtepunkte. Ihre Anhäufung veranschaulicht das gewünschte Bild. Durch verschieden große und verschiedenfarbige Dichtepunkte kann man nicht allein die Dichte, sondern auch die Zusammensetzung nach Rassen, nach Nationalität, Religion und Beschäftigungsart zum Ausdruck bringen.

Relative und absolute Methode können auf einem Kartenbilde angewandt werden, ohne sich gegenseitig zu stören (Abb.

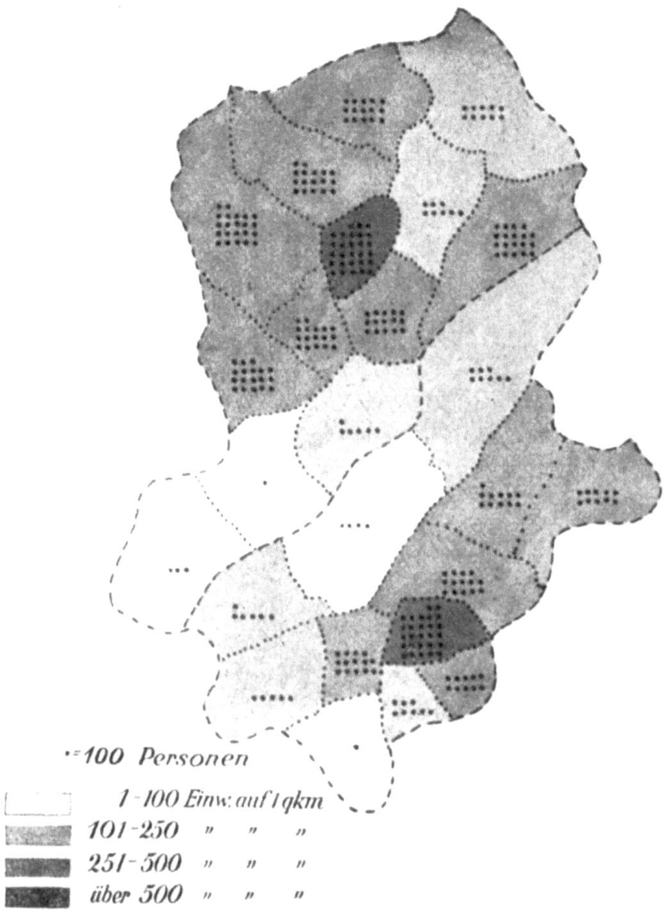

Abb. 61. Relative und absolute Methode zusammen.

61). Ein Sondergebiet kann z. B. erst nach der relativen Arealmethode (bis zur Gemarkung) dargestellt werden, sodann durch gleichgroße Punkte innerhalb einer Gemarkung 10 oder 20 oder mehr Bewohner. Auf gleicher Grundlage können auch mit Hilfe von verschiedenfarbigen Kugel- und Dichtepunkten die verschiedenen Berufe eingezeichnet werden. Statt gleichgroßer Punkte können ferner verschieden große farbige Kreisflächen oder Kugeln (nach Steen de Geer) den Beruf oder die Religion u. a. m. veranschaulichen; jede Kugel würde alsdann die Gesamtheit jeder Erscheinung umfassen.

Die alltäglichen Volksdichtekarten geben ein relatives Bild, das nicht ohne Fehler ist. Die Schwierigkeit beginnt schon mit der Frage: Was ist die bewohnte Fläche? In der Beantwortung liegt noch keine Einigkeit. Alle stimmen wohl darin überein, daß gewisse Teile des Landes als bewohnte Fläche auszuschalten sind. Als nicht anzurechnende Teile gelten Seen, Wälder, Öd- und Unland (unproduktives Land). Ihre Vernachlässigung spielt in der Dichtedarstellung der hochkultivierten Länder weniger eine ausschlaggebende Rolle als bei der Dichte in weniger kultivierten Ländern. Viel Kopfzerbrechen hat die Ausscheidung der Waldflächen bereitet, da als „bewohnte Fläche" von den meisten Autoren die waldlose Fläche verstanden wird, soweit sie als Wiesen- oder Ackerland der Betätigung oder Ernährung des Menschen dient. Der Wirtschaftsgeograph fordert die Berücksichtigung der Waldfläche als Kulturareal, soweit der Wald einem geregelten Forstbetrieb unterliegt. Vielen Menschen gewährt der Wald Erwerb und Nahrung. Manche Dichtekarten zeigen eine besondere Waldzeichnung, ziehen aber den Waldraum in die Dichteberechnung mit ein. Bei der Berücksichtigung des Waldes hat schließlich auch der Maßstab mitzusprechen. Auf Karten kleineren Maßstabes als 1 : 300000 ist die Ausscheidung des Waldes ungerechtfertigt, selbst wenn größere Waldmassen eine die Bevölkerung anstauende Wirkung haben.

Ferner hat sich die Ausscheidungstheorie bei Volksdichtekarten schon seit längerer Zeit mit der Ausscheidung der größeren Siedlungen befaßt. Die Volksdichtekarten befolgen hierbei oft einen sogenannten Schwellenwert. Unter ihm versteht man in bezug auf die Einwohnerzahl die festgelegte Grenze, wo die

Ausschaltung der Städte beginnt. So liegt er auf manchen Karten bei 5000 Einwohnern, auf anderen bei 10000, auf anderen noch höher. Der obenerwähnte Steen de Geer huldigt insonderheit dieser Methode. — Es wäre unklug, zu behaupten, daß die Berechnung der Einwohnerzahl in dicht bevölkerten Gegenden auf das Gesamtareal ein einwandfreies Bild der Volksdichte gäbe. Aber man übersehe nicht, daß die Volksdichte nur ein rechnerischer Begriff ist; alsdann fallen derartige Inkonsequenzen, wie die Ausscheidung gewisser Orte, von selbst. Daß es dabei ohne dieser und jener wichtigen geographischen Erscheinung Zwang anzutun nicht abgeht, kann durch keine Theorie und keinen Kunstgriff behoben werden.

Die oben dargelegte mehr oder minder absolute Darstellungsmethode mit Punktzeichen (oder anderen punktvertretenden Figuren) sind Kumulationsmethoden, die der Statistik abgelauscht sind. Geographischer gehen diese Methoden vor, die mit Hilfe von Linien (Kurven) gleichbesiedelte Flächen zu erfassen suchen und diese geographisch auf der Karte einordnen.

Die Kurve der Volksdichtekarte ähnelt am meisten den Isarithmen, mit denen jene auch oft verwechselt wird. Das Wesen der Isarithmen wird durch dreierlei Eigenschaften gekennzeichnet: erstens ist sie durch Interpolation entstanden, zweitens veranschaulicht sie gemittelte Werte in naturgemäßer und charakteristischer Lage, wobei eine gewisse Intensität zum Ausdruck kommt (darum „Intensitätslinien") und drittens ermöglicht ihr Aufbau die Konstruktion „stetiger Kurven", die senkrecht zu den Isarithmen verlaufen. Mithin gelangt man bei gleichmäßiger Abstufung senkrecht zum Isarithmenzug zu den benachbarten höheren oder niederen Werten (Isothermen, Isobaren, Isoklinen, Isohypsen!).

Die Kurven der Volksdichtekarten verhalten sich indessen ganz anders wie die Isarithmen[1]). Um sie zu verstehen,

[1]) Höchstens sind sie als „Pseudoisarithmen" oder als „Isopolanthropen" (M. Eckert) zu bezeichnen.

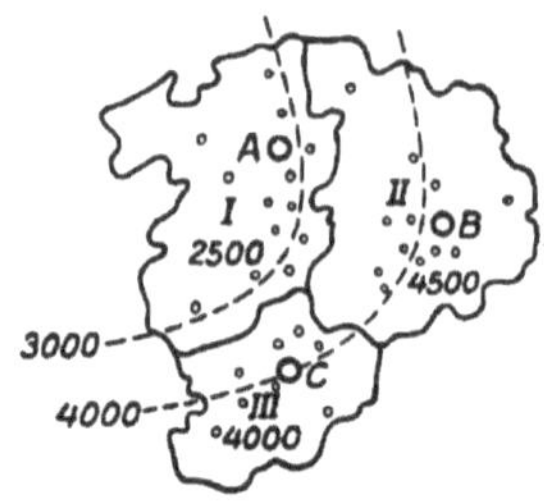

Abb. 62.

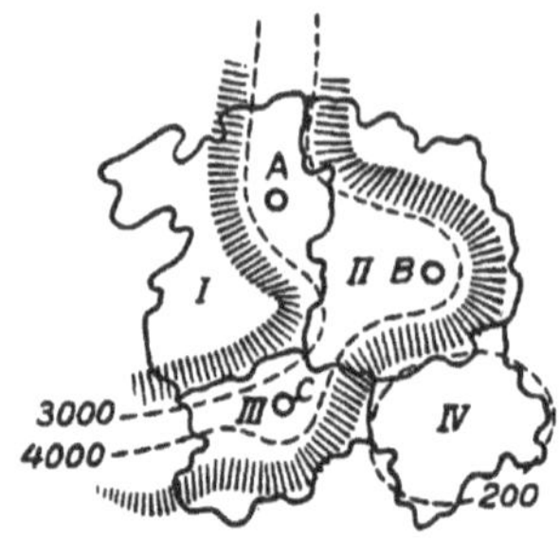

Abb. 63.

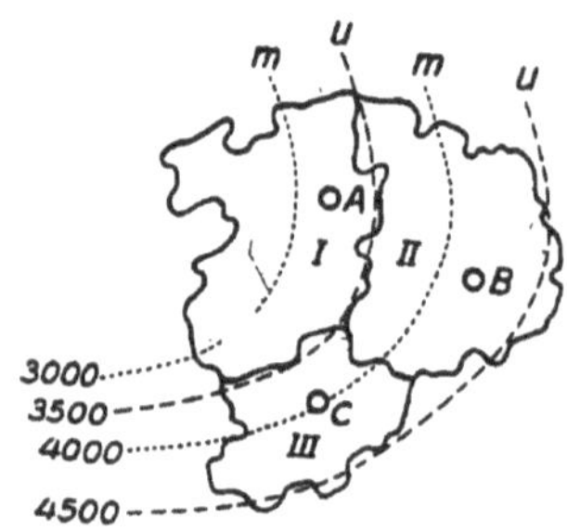

Abb. 64.

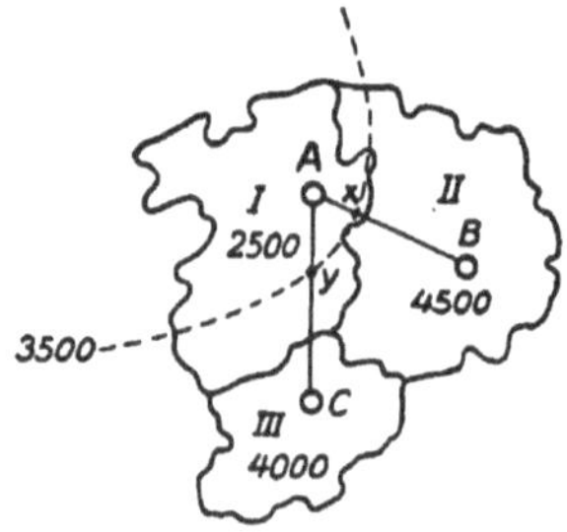

Abb. 65.

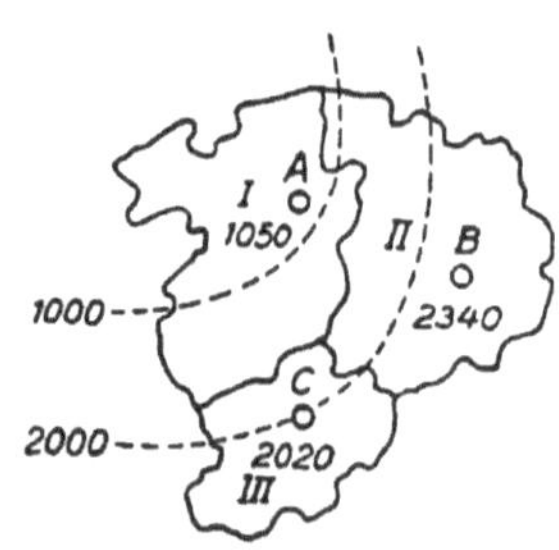

Abb 66.

Abb. 62—66. Kurven der Volksdichtekarten.

vgl. Abb. 62—66; diesen liegen die gleichen Gemarkungen oder die gleichen Kreise oder wie wir sonst sagen wollen zugrunde. Gemarkung I zählt 2500, Gemarkung II 4500 und Gemarkung III 4000 Einwohner. Werden Linien mit Rücksicht auf größere oder geringere Häufigkeit der Ortschaften gezogen, spricht man von „Dichtigkeitskurven", wie sie Abb. 62 zeigt. Dabei ist keine wahre oder mathematische Interpolationsmethode tätig, sondern ein mehr von geographischem Takt geleitetes Verfahren. Die Dichtigkeits- und ähnliche Kurven wollen in der Hauptsache scheiden; denn sie umgrenzen Flächen von gleicher Volksdichte und suchen sie stufenweise voneinander zu trennen.

Geographisch wirken vorzugsweise diejenigen Kurven, die sich ans Gelände möglichst anzulehnen verstehen. Ein Vorzug dieser orographisch bedingten Kurven ist, daß sie in bewegtem Gelände größere Modulationsfähigkeit als andere verwandte Linien besitzen. Weder sind ihnen Intensität noch sonstwie eine Kraft eigen; auch sie sind bloße Scheidelinien, die dichtere Volksdichtestufen von weniger dichten veranschaulichen wollen. Obwohl sie an Isohypsen erinnern, haben sie nichts mit diesen gemeinsam, da sich senkrecht zu ihnen keine stetige Kurve ziehen läßt. Gesetzt, Gemarkung IV auf Abb. 63 habe wegen des kargen Bodens auf der Höhe nur 194 Einwohner. Um diesen Gemeindebezirk läßt sich eine Kurve von 200 Einw. legen. Wie ist jetzt der Übergang von 200 zu 4000? Es gibt schlechterdings keinen Übergang, beide Dichtestufen liegen hart aneinander; dies Dilemma ist kein Zufall und stellt sich häufig bei der Konstruktion von Volksdichtekarten ein.

Die Dichtezahl der Gemarkungen und gleichzeitig die Lage der verschiedenen Dichtegemarkungen untereinander sind ein weiterer Ausgangspunkt zur Kurvenkonstruktion. Entweder laufen die Kurven soviel wie möglich durch die Mitte der Gemeindegebiete hindurch, wie Abb. 62

zeigt, oder die Kurven „m" in Abb. 64, oder sie umfahren, wie es meistens der Fall ist und auch empfohlen wird, die Gebiete mit gleicher oder annähernd gleicher Dichteziffer wie die Kurven „u" in derselben Abbildung.

Ferner können die Dichteziffer und die großen Gemarkungsorte (A, B und C) auf dem Kurvenzug bestimmend sein, indem man zwischen diesen Orten die Kurven so hindurchlegt, daß sie entsprechend dem Unterschied der Werte beider Ortspunkte voneinander entfernt sind (s. die Kurve in Abb. 65). Der Dichteunterschied zwischen Gemarkung I und II ist 2000 E; da diese fast noch einmal so stark wie jene bevölkert ist, würde die Entfernung A B in rund vier Teile zerfallen, wovon 3 der Gemarkung II zugute kommen. Der Schnittpunkt der Kurve würde bei x liegen. Gemarkung III ist anderthalbmal mehr als I bevölkert. Mithin würde die Entfernung A C in rund 3 Teile zerfallen, von denen 2 Teile von C aus zu rechnen sind; y ist der gesuchte Punkt für den Kurvenzug. Auf Abb. 65 repräsentiert die Strecke x B einen Wert von 1500, die Strecke y C, obwohl sie größer ist, nur einen Wert von 1000. Die Kurvenkonstruktion erinnert etwas an die mathematische Interpolationsmethode; die Kurven werden aber trotzdem keine Isarithmen.

Schließlich kann man auf Grund aller Ortsdichteziffern die Gemarkungen oder Bezirke gleicher mittlerer Volksdichte mit Kurven umfahren. In Rücksicht auf die Ortseinwohnerzahl 1050, 2340 und 2020 der Orte A, B und C in Abb. 66 werden die Kurven mit den Werten 1000 und 2000 gezogen. Diese Kurven aber sind um rd. 100% und 150% geringer an Wert als der eigentliche Wert der Volksdichte. Ein weiteres Ergebnis ist, daß sie eine gewisse Eigenart der größeren Siedlungsplätze versinnbildlichen („Isopolismen"), und sie darauf hinweisen, daß sich Siedlungsdichte nicht mit der Volksdichte deckt.

Anhang: Die Kartenreproduktion.

Vom Kartenentwurf zum fertigen Druck einer Land- oder Seekarte ist ein weiter Weg, der im Laufe der Jahrhunderte viele Wandlungen durchgemacht hat, — vom Holzschnitt zum Kupferstich über die Steinzeichnung zum Steinstich und dann zur direkten photomechanischen Herstellung der Druckstöcke für die modernen Maschinen der Flachdrucktechnik nach den auf die mannigfaltigste Art hergestellten Originalen. Man unterscheidet für die Kartenvervielfältigung in der Hauptsache 3 Methoden der Herstellung von Originalen:

1. Durch Handkupferstich nach skizzenhafter jedoch maßhaltiger Vorlage (Kartenentwurf).
2. Durch Steinstich (Lithographie) gleichfalls nach skizzenhafter, maßhaltiger Vorlage.
3. Durch Reinzeichnung auf Papier mit Metallunterlage nach skizzenhaften, jedoch maßhaltigen Entwürfen oder durch Zeichnen auf durchsichtigen Zeichnungsträgern wie gutem Pauspapier, Klarzell, Astralon und anderen mehr. Die verschiedenen Verfahren der Herstellung von Originalbildträgern für die Druckmaschinen kennzeichnen schon die verschiedenen Druckarten. Von diesen kennen wir wiederum in der Hauptsache 3:

1. Tiefdruck. Direkter Druck von der Kupferplatte, auf der das Druckbild leseverkehrt tief eingestochen, eingeätzt oder galvanisch tiefgelegt ist. Zum Tiefdruck rechnet man auch den Druck vom gestochenen Kartenbild auf dem Lithographiestein.
2. Flachdruck. Druck in der lithographischen Flachdruckschnellpresse oder Offsetmaschine vom Stein, der Aluminium- oder Zinkplatte. Hierbei wird der Druckträger entweder durch Umdruck von der tief gestochenen Kupferplatte oder vom Lithographiestein erzeugt oder photomechanisch auf den Umdruckstein die Zink- oder Aluminiumplatte übertragen. Ob der Auflagendruck dabei direkt von dem Druck-

träger auf das Papier gelangt, wie in der lithographischen Flachdruckschnellpresse oder über das Gummituch der Offsetmaschine ist gleichgültig.

3. Hochdruck. Druck in der Buchdruckschnellpresse; für den Kartendruck von geätzten Klischees (Strichklischees nach Zeichnung). Diese Art von Kartendruck finden wir jetzt täglich in den Satz der Tageszeitungen oder der Zeitschriften eingefügt.

Sehen wir uns nun die einzelnen Verfahren näher an, so ist der Handkupferstich[1]) das älteste und vornehmste Verfahren für die Herstellung eines Originals nach dem Kartenentwurf neben dem ziemlich gleichaltrigen Holzschnitt. Mit Grabstichel und Nadel wird das Kartenbild tief in die plangeschliffene Kupferplatte leseverkehrt eingestochen. Dem Umstand der großen Korrekturfähigkeit der einmal gestochenen Kupfertiefdruckplatte mit Hilfe der Galvanotechnik verdankt der Kupferstich neben seiner großen Feinheit, Eleganz und künstlerischen Ausdrucksmöglichkeit heute noch seine Daseinberechtigung in der Kartenherstellung. Die moderne Galvanoplastik ist ihm dabei ein großer Helfer geworden, weil selbst größte Veränderungen des Kartenbildes durch das Aufwachsen von Kupfer im galvanischen Bade das Planum der Platte in keiner Weise verändern oder beeinträchtigen. Von den Reichskartenwerken stehen einige der umfangreichsten heute noch auf Kupfer und haben in den fast 100 Jahren ihres Bestehens alle Berichtigungen unbeschadet aufnehmen können.

Durch die galvanische Gravur — das ist die galvanische Tieflegung eines Kartenbildes in die Kupferplatte —, hat diese ihre Daseinsberechtigung bei der Kartenreproduktion erneut bewiesen. Die Erfindung der galvanischen Gravur durch den Oberkartographen R. Mangelsdorff stammt aus den Jahren 1930—1932, nachdem vorher schon 1910 Dr. H. Strecker ein

[1]) Näheres s. auch W. Kleffner, Die Reichskartenwerke, im gleichen Verlag. Berlin 1939.

Patent auf seine Idee erhalten hatte. Der Gedankengang ist dabei folgender gewesen: Im galvanischen Bade befinden sich Anode und Kathode, die Anode gibt das Kupfer her, das sich auf der Kathode ablagert. Läßt man nun Kupfer auf Korrekturstellen aufwachsen, so wird die Platte als Kathode eingehängt. Dagegen wird eine Kupferplatte, die ein photomechanisch erzeugtes Kartenbild im Chromfischleimgrund trägt, als Anode geschaltet. Dabei wird das Kupfer aus den schichtfreien Stellen der Kartenzeichnung herausgezogen und dadurch ein tiefgelegtes, druckfähiges Kartenbild erzeugt. Ebenso ließe sich dieses soeben photomechanisch erzeugte Bild auch mit Eisenchlorid ätzen, jedoch haben Erfahrungen gelehrt, daß die Ätzung an den Strichrändern unterfrißt, wodurch beim Korrigieren Unzulänglichkeiten entstehen. Der schon erwähnte Holzschnitt hat für die Kartenherstellung keine Daseinberechtigung mehr.

Zu Punkt 2 Lithographie[1]): Der Name stammt aus dem Griechischen und heißt Steinschreiben. Aloys Senefelder, geb. 1771 in Prag, gest. 1834 in München, hat als erster die in Solnhofen in Bayern gefundenen Steinplatten benutzt, um auf ihnen mit fettiger Tusche zu zeichnen. Er hat durch Ätzen mit Säure und mit Gummiarabikum die Zeichnung auf dem Stein zur Annahme von Druckfarbe empfänglich gemacht, während die gefeuchteten leeren Stellen des Steines sich abstoßend gegen die fettige Druckfarbe verhalten.

Die Steingravur entwickelte sich erst später. Hierzu werden die besten, härtesten (die grauen oder blauen) Lithographiesteine verwendet. Ihre Oberfläche wird mit Kleesalz, Oxalsäure oder Zinnasche poliert. Damit nun der Lithograph seinen Stich besser erkennen und beobachten kann, wird der Stein mit einem schwarzen Grund versehen, der aus Ruß, mit Wasser und etwas Gummiarabikum hergestellt wird. Der Stich selbst wird mit feinen Stahlnadeln vorgenommen, die das Bild

[1]) Vgl. u. a. C. Kampmann-Funk. Die graphischen Künste, Sammlung Göschen Band 75.

leicht in den Stein einreißen. Um die so gestochenen Stellen zur Annahme von fetter Druckfarbe geeignet zu machen, wird der Stich eingeölt. Beim Druck nimmt nun die präparierte, gefeuchtete Steinfläche keine Farbe an, diese bleibt lediglich in den gestochenen Stellen haften. Der Abdruck geschieht auf gefeuchtetem Papier in der Steindruckhandpresse. (Reiber- oder Handhebelpresse.)

Die Korrekturfähigkeit des gestochenen Bildes auf dem Lithographiestein ist beschränkt. Die zu korrigierenden Stellen müssen herausgeschliffen werden. Es entstehen Vertiefungen und Dellen, die sich nicht wieder füllen lassen, das Planum des Steines leidet, schließlich häufen sich diese Stellen derart, daß beim Druck der Papierbogen nicht mehr in der Lage ist, die Druckfarbe aus den vertieft liegenden Korrekturstellen herauszuholen. Es ist dann höchste Zeit, das Kartenbild vom Lithographiestein durch die galvanische Tieflegung auf eine Kupferplatte, wie oben beschrieben, zu übertragen. Dazu benutzt man dann einen sogenannten Kreidedruck — einen Druck auf Kreidepapier —, der alle Feinheiten des Stichs besonders scharf bringt.

Während man nun von der gestochenen Kupferplatte Auflagen noch unbeschadet drucken kann — freilich wird dann die Kupferplatte galvanisch mit einem dünnen Stahlüberzug versehen, um sie vor vorzeitiger Abnutzung zu schützen —, werden Auflagen vom Lithographiestein nicht gedruckt, um die verhältnismäßig dünne Steinplatte nicht dem eventuellen Zerspringen in der lithographischen Handhebelpresse auszusetzen.

Man geht daher von der Kupferplatte oder dem gestochenen Stein schleunigst fort, indem man Umdrucke herstellt. Dies geschieht mit besonderer Farbe auf sog. immerfeuchtem Umdruckpapier in der Kupferandruckpresse oder der lithographischen Handhebelpresse. Diese Drucke werden dann auf den Umdruckstein, die Aluminium- oder Zinkplatte abgezogen. Für den Offsetdruck müssen sie noch gekontert werden, da diese

Schnellpresse das Bild vom Druckstock zuerst auf einen mit einem Gummituch bespannten Druckzylinder umdruckt, von dem es dann erst auf das Papier gelangt. Für mehrfarbige Drucke wird der Druck auf den Offsetmaschinen bevorzugt, weil der Druckbogen nicht mit der gefeuchteten Druckplatte in Berührung kommt und dadurch maßhaltiger bleibt. Man verwendet jetzt für Buntdrucke Mehrfarben-Offsetmaschinen, die in einem Durchgang 2 oder mehrere Farben drucken. Neben anderen Vorzügen des Drucks auf der Offsetmaschine — Verwendbarkeit geringeren Papiers, weicheren Drucks usw. —, haben diese Maschinen einen sehr schnellen Lauf, so daß die Druckleistung auf das Vielfache der lith. Flachdruckschnellpressen gebracht werden konnte. Während die Flachdruckschnellpresse in der Stunde etwa 500 Papierbogen einfarbig bedruckt, leistet die Offsetmaschine etwa 1500 Drucke in einer Druckstunde, zweifarbig fast das Doppelte. In jeder dieser Druckpressen befindet sich neben dem Farbwerk das Feuchtwerk. Das bedeutet, daß vor jedem Druckgang der Druckstock gefeuchtet werden muß, damit die bildfreien Stellen des Druckstocks von der Farbwalze keine Farbe aufnehmen, sondern nur das Druckbild selbst, das für die Annahme von fettiger Druckfarbe geeignet gemacht worden ist. Die Herstellung von sog. Trockendrucken in diesen Maschinen ist noch nicht gelungen, jedoch sollen bereits Versuche gemacht worden sein, die das Gelingen erhoffen lassen.

Während also früher die Herstellung der Druckstöcke für die Flachdruck-Maschinen durch Umdrucke von den vorhandenen Originalkupferplatten oder Lithographiesteinen erfolgte, ging man später zur photomechanischen Herstellung der Druckstöcke über. Dazu werden von den Originalkupferplatten oder Lithographiesteinen Abdrucke auf Kreidepapier hergestellt, die ein besonders scharfes Kartenbild auf dem schneeweißen Grund des Papiers zeigen. Hiervon werden Aufnahmen, Negative, für die Herstellung von Druckplatten, die in der lithographischen Flachdruckschnellpresse gedruckt werden sollen, hergestellt. Oder es werden sog. verkehrte Negative für die Herstellung von Druckplatten für die Offsetmaschine gemacht, da ja von der Maschinenplatte in dieser Maschine zuerst ein Druck auf das Gummituch erfolgt, wo es dann negativ erscheint, und von dem es das Papier erst positiv abnimmt. Diese Kopien werden meist auf Aluminiumplatten, die mit Chromeiweiß präpariert sind, vorgenommen. Das Verfahren wurde von seinem Erfinder Scholz 1892 Photoalgraphie genannt.

Die Photolithographie wird nur noch wenig verwendet. Die Übertragung des Kartenbildes auf den Druckträger auf dem Umwege über ein umständlich herzustellendes Kopierpapier (Chromgelatinepapier) ist auch wegen der damit verbundenen Ungenauigkeit in den Maßen für Buntkarten ganz ungeeignet.

Für die direkte Übertragung durchsichtiger Zeichnungsträger als Pauspapier oder andere durchsichtige Stoffe wie Klarzell, Astralon, Glas usw. zur Herstellung von Druckstöcken werden Durchlichtungsverfahren angewendet. Die Durchlichtung wird direkt ohne Zwischenschaltung des photographischen Reproduktionsapparates vorgenommen. Man benutzte sie früher meist für gröbere Arbeiten. Nach Erfindung maßhaltiger, durchsichtiger Zeichnungsträger und Erzeugung hochwertiger, haltbarer Druckstöcke durch das Eggen-Verfahren (Offsettiefdruck) und durch Hausleiter, München, gehören sie heute zu den modernsten Verfahren bei der Herstellung von sehr haltbaren Druckstöcken für die Offset- und Flachdruckmaschinen. Damit hat die Herstellung von Originalen über die Reinzeichnung besonders für schnell herzustellende Kriegsarbeiten einen großen Aufschwung genommen.

Wenn auch die durchsichtigen Zeichnungsträger nicht alle Hoffnungen auf absolute Maßhaltigkeit restlos erfüllt haben, so sind sie besonders für schnelle Herstellung guter Druckplatten nach Negativen oder Diapositiven, die auf Transporten keiner Gefahr des Zerbrechens ausgesetzt sind, aus dem Herstellungsprozeß für Druckstöcke nicht mehr fortzudenken.

Die reelste Art der Herstellung einer absolut maßhaltigen Zeichnung ist immer noch der auf eine Aluminiumplatte fest aufgezogene Zeichenkarton. Auf ihm wird nach Entwurf die Reinzeichnung des Grundrisses vorgenommen. Von ihm können dann soviel Blaukopien hergestellt werden, wie man für die Farbplatten benötigt; auch hier ist der Zeichenbogen wiederum auf Aluminiumplatten fest aufgezogen, er ist daher stets maßhaltig. Für schnell herzustellende Karten lassen sich die genannten Verfahren auch vereinigen. Grundriß auf aufgezogenem Zeichenkarton, Farben auf durchsichtigen Astralonfolien, die ja den Vorteil besitzen, daß man maßhaltig arbeiten kann, wenn das Material standhält.

Das früher geübte umständliche Herstellen von Paus-Puder- oder Klatschdrucken ist recht in den Hintergrund getreten

Durchsichtige Folien, Astralon oder Gaevert-Sicherheitsfilme eigenen sich auch besonders für Montagearbeiten, d h. Zusammensetzen von Großkartenbildern aus einzelnen Teilkarten. Man ist ja stets in der Lage, die Maßhaltigkeit und Paßsicherheit durch Übereinanderlegen der einzelnen Folien zu prüfen. Werden dann photomechanisch die Druckstöcke auf dem Wege der Durchlichtung hergestellt, sind Ausfälle nicht zu befürchten, immer jedoch nur soweit als das Material sich durch Feuchtigkeit oder Wärmeeinwirkung nicht verändert

Die zeitraubendsten Zeichenarbeiten bleiben immer noch die Herstellung des Geländebildes, ob durch Höhenlinien- oder Schummerungsmanier oder andere Verfahren ist dabei gleichgültig.

Noch zeitraubender ist oft die Beschriftung der Karte Im Kupferstich oder Steinstich wird der einzelne Name in die Platte eingestochen, in die Reinzeichnung eingezeichnet oder eingestempelt. Wenn auch die manuelle Arbeit des Schriftstechens oder Zeichnens die schönsten, lebendigsten und deutlichsten Beschriftungen hervorruft, kann man sich diese zeitraubenden Arbeiten oft nicht mehr leisten Daher werden jetzt die Namen vielfach in die Karten eingestempelt. Man bedient sich dazu der Buchdrucktypen, läßt den Namen je nach der geforderten Größe und Duktus setzen und stempelt ihn mit dem Wulkowschen Schriftstempelapparat an die Stelle, wo er in der Karte stehen soll. Oft werden die Namen auch gesetzt, auf Kreidepapier abgedruckt, ausgeschnitten und an die Stelle auf der Grundrißplatte geklebt, wo sie hingehören. Leider will das Schriftstempeln auf durchsichtigen Zeichnungsträgern noch nicht recht gelingen, man hilft sich dann dadurch, daß von der Grundrißzeichnung Blaukopien hergestellt werden, die plakatiert (Plaka wird von der Firma Günther Wagner hergestellt eine günstige Oberflächenbeschaffenheit für die Aufnahme der Druckfarbe ergeben.

Aus alledem geht hervor, daß ein gutes und brauchbares Kartenwerk sehr mühsam, zeitraubend und kostspielig herzustellen ist. Nicht allein eine mannigfaltige Reproduktionstechnik muß beherrscht, auch ein möglichst umfangreiches Verständnis für den Karteninhalt bei dem Bearbeiter muß vorausgesetzt werden. Selbst die Auswahl des zu verwendenden Papiers ist sehr wichtig. da sie sich nach der Art der Druckes richtet. Nach vieler — vieler Arbeit wird die Karte endlich das, was uns als Wand- und Handkarte vertraut geworden ist.

Namen- und Sachverzeichnis.